U0165709

中華民國軍醫教育發展史

葉永文 著

五南圖書出版公司 印行

序　言

　　一直以來，台灣醫療史皆以台大醫學體系為討論的主軸，從日治時期到威權時代以致於今日，台灣現代醫學發展近乎等同於台大醫學之演進。會有如此比擬，或許是自日治時期到戰後初期，台大醫學院是台灣醫師養成的主要管道，而國府遷台後，具有台大醫學院畢業背景的醫師遍布了台灣醫界，甚至參與國家醫政的制度建構，以致於入載台灣醫療史的重要人物都與台大醫學院有關。於是，當後輩撰寫史實時，或隱或顯地便易連結向、甚至偏向台大醫學體系的發展過程。

　　然而1949年國府遷台後，在大陸盛名的國防醫學體系亦進入台灣，並帶來了大批醫療資源和師資人才，是以，遷台初期醫界方有（國防）英美派與（台大）德日派的系統區別。由於國防醫學院跟著政府自大陸撤退來台，在重建台灣的醫療制度時，屬於國防醫學體系的醫界人物亦常掌握國家醫政資源之分配，所以對當時台灣醫療發展也產生一定的影響方向，但是也因軍事院校的特殊屬性，行事低調且不與民相爭的風格，讓國防醫學體系常處於一種不可見的隱晦狀態。

　　由此可知，研究台灣醫療史若缺少了國防醫學體系部分，將可能呈現出偏頗的視野，特別是戰後台灣醫療發展尚屬於殘破待補狀態，日人醫療人員亦紛紛撤離台灣，醫療體系青黃不接現象成了1945年後的現實問題，而國防醫學院於1949年遷到台灣來，

剛好彌補了這般斷層危機，並爲日後的醫療發展注入一股新興的活力。

　　欲討論國防醫學院對台灣的影響，就必須關連到在大陸時期的軍醫發展狀況，事實上，國防醫學院是一所百年的學校，擁有悠久的歷史傳統，二十世紀的前半葉在大陸孕育而成，二十世紀的後半葉在台灣穩建發展，所以它也見證了中華民國至今的百年歷史。特別是在艱苦抗戰的時局裡，軍醫地位與國家生存更形緊密關係，而當時國防醫學院的前身軍醫學校爲培養軍醫的唯一教育單位，直至今日的國防醫學院亦是如此。

　　本書試圖刻劃出中華民國軍醫教育的發展歷程，全書共分九章，第一章討論軍醫於清末的出現概況，第二章討論軍醫學校從成立至戰後復員前的流離過程，第三章討論抗戰時期軍醫衛訓所的存在，第四章討論戰後在上海的國防醫學院，第五章討論國防醫學院遷台後至1970年代末期的發展歷史，第六章討論國防醫學中心的重建問題，第七章討論國防醫學院的目前情況及未來展望，第八章討論美式化的軍醫教育對台灣醫學制度的影響，第九章討論軍醫教育在台灣醫療發展上的貢獻。

　　本書的目標旨在透過軍醫發展的脈絡來說明台灣醫療發展的另一個面貌，以補充時下之醫療史專以台大醫學院爲論述主軸的不足，期能提供研究者或有興趣者更爲豐富的眼界，以及揭開往常中華民國軍醫給人之神祕感覺的諸般面紗。

目　錄

第一章

西醫在華發展與軍醫出現

壹、西醫東進

　　十六世紀歐洲進入了資本主義發展階段，一些西方帝國為獲得更多的資本，開始向海外擴張，而伴隨著帝國來到東方國度的是宗教信仰，於是，在資本的追求下，一手槍炮一手聖經就成了近代列強拓展勢力的特殊景象。在宗教信仰方面，當時的天主教耶穌會最熱衷於海外宣教，隨著地理的新發現，其傳教士的宣教活動跟著帝國勢力透過東方航道也逐漸進到了中國。

　　在中國的明朝時期，澳門於1553年時成了葡萄牙帝國勢力的殖民地，葡萄牙人開始在澳門設立行政機構進行貿易活動，同時也因傳教士和醫生的到來，教堂與醫院診所亦紛紛出現。事實上，澳門是西方傳教士來華駐足的最早地點，同時也是西醫醫院最早建立的地方，1568年即出現了一間仁濟堂及兩間醫院，由此觀之，十六世紀中葉之後，西教和西醫已經隨著帝國的資本發展叩上了中國的大門。

　　甚至到了清朝初期，西洋醫學已無聲息地走進了宮廷內。廣為人知的有1693年康熙皇帝罹患瘧疾，在醫官手足無措之際，獲得傳教士帶來了金雞納樹皮的治療而痊癒；但較鮮為人知的是在1707年時，康熙皇帝因立太子問題而心煩意亂，極度憂鬱，還併發了嚴重的心悸症，結果是由傳教士配置了胭脂紅酒讓康熙服用，才止住這種心悸症[1]。這些針對皇帝

---

[1] 董少新（2008），《形神之間—早期西洋醫學入華史稿》，上海：上海古

病痛的適當處遇，當然有利於西教和西醫進入了中國的大門。

　　但是總體看來，明朝和清朝初期來華的傳教士雖擁有些許西藥，卻很少具有醫學專門背景，所以也很少主動傳播西洋醫學，充其量也只能見諸於布道書中的文脈載記。基本上，這期間來華且爲朝廷所用的傳教士中，有三位是值得一提，他們也都帶來了一些西洋醫學之譯述書籍：

1. **利瑪竇（Matteo Ricci, 1552-1610）**：明朝1601年進入北京，其遺著可考者有三十餘種，多數是屬於天文與算書籍，但其中的《西國記法》提出大腦有記憶功能以及有敘述一些神經學說。

2. **湯若望（Johann Adam Schall Von Bell, 1591-1666）**：明朝1622年進入北京，但清兵入關後轉而投歸清朝，其遺作有三十餘種，也大多數是屬於曆法書籍，但其《主製群徵》二卷中有講到人的骨骼、肉、心臟、腦及神經等，以及有較多討論人體結構與生理功能等醫學內容。

3. **南懷仁（Ferdinandus Verbiest, 1623-1688）**：1657年來華，他在1685年時匯錄來華傳教士所帶來的一百多種西書，其中醫書有四種，他的遺著包括有教義、神哲、儀象書等，據傳其中有一《司目圖說》書籍應當是與眼科相關。

　　儘管西洋醫學隨著傳教士陸續進入中國，但此時期尙且未能撼動中醫界，因爲傳進來的西洋醫學雖擁有一套理論學說、

籍出版社。頁113。

藥物使用及治療方法等，卻也只是反映了當時西方醫學的一般水平，即病理上遵循希波克拉底之體液病理學說，解剖生理學方面仍崇尚蓋倫學說，所以在疾病認識和治療上，還未見諸較中醫更爲高明之處。[2]然而，歷經十八至十九世紀初的工業及科學發展之後，西洋醫學已逐漸地擺脫過去的體液病理學觀念，邁向現代醫學發展，所以當它再度伴隨帝國勢力來華時，影響力與影響速度已經大大不同。

　　1839年鴉片戰爭開啓後，1842年中國簽下了第一個不平等的《南京條約》，接著各國列強爭相來華，紛紛以武力脅迫各種不平等條約的訂立，不但迫使清政府開放通商口岸，並且開放讓外國傳教士在通商口岸建教堂及蓋醫院和學校。英法聯軍後所展開的自強運動，清政府也開辦了醫學堂並翻譯醫書，同時在不平等條約的保護下，大批傳教士和醫生來華到處修教堂、辦醫院，以及設立醫學院校等等。到了十九世紀末，中國已有十三個省市及八十多個地區有教會醫院的設立，當然其間除一些著名的醫院外，大多數的教會醫院都是將教堂、診所及住處合併使用，所以這時期由於西洋醫學的廣泛傳播，西醫亦開始與中醫並駕齊驅地發展。

2　李經緯編（1999），《中外醫學交流史》，湖南：湖南教育出版社。頁 261。

貳、醫療傳道

　　教會醫療的初始目的是為了傳教士自身的需要，因為宣教過程會遭遇很多的地方性傳染病侵襲，但傳教士多不相信當地醫療方式，只信任西洋醫學，所以西醫傳教士來華的初期，其服務對象便主要是傳教士。至於教會醫療服務於宣教地方的情事，起因於醫療有助於宣教的效果，特別是進入堅信傳統宗教的民間社會宣教，透過醫療可用來降低民間敵視的情緒，更能將宗教順利地散播出去，從而達到醫療傳道的旨趣。據載，最早在中國設立的醫療傳道機構是1835年新教傳教士在廣州開設的「博愛醫院」。

　　醫療傳道的功能逐漸受到各教派的重視，而且也有利於各帝國在華貿易的進展，於是在華的各教派傳教士便組成了「中國醫務傳道會」來共享醫療傳道的經驗與成果，而該傳道會成立的理念即在強調著：「醫療傳道能營造出與中國商業及其相關方面一個好的互動基礎」。於是一種「傳道」與「醫療」的新關係便形成了，也就是說，過去的傳教醫生作為傳教附屬機構的身分以及只針對傳教士健康為關注對象的任務，已經淪入歷史記憶了，新的歷史意味著醫療教道被賦予更大的任務，醫療甚至擺脫了附屬身分。

　　事實上，雖然在華的各宣教團體於1877年的大會宣言中，肯定醫療有助於宣教事業，但各地方教會對此態度還是相

當地猶疑，特別是有些教士擔心「醫療」會妨礙到「傳道」的目標，進而主張把醫療傳道工作標定在照顧傳教士的健康以及幫助需要醫療的某些歐洲人和當地人就好。於是，在「醫療」和「傳道」兩者比重的不同主張下，十九世紀的西方傳教士便可區分為「基本教義派」和「社會福音派」，亦即「基本教義派」是強調傳道的重要性，嚴禁過分肯定醫療的本末倒置狀況；而「社會福音派」則正面地看待醫療對傳道的功能，並極力主張要透過這種社會服務手段來傳達福音。[3]

在資本主義的影響下，醫療傳道隨著「社會福音派」的勢力擴張而愈來愈具有制度化運作規模，因此也愈來愈依賴基金會或雄厚捐款的支持，與此同時產生的情況，便是醫療網絡的擴大與連結，於是所謂「協和」（Union）的概念便以此孕育而生。二十世紀初期，各大教會為了協調宣教事業開始集中資金合辦醫院和醫學院校，如北平協和醫學院成立之初即由英倫敦會及五個教會所合辦，福州協和醫學校係由公理會、英聖公會及美以美會合辦，而華西協和醫學院則由英聖公會、英浸禮會、美浸信會、倫敦會、豫鄂信義會、加長老會、北美長老會和南美長老會等共同合辦。

自二十世紀起，隨著帝國列強勢力在中國的擴張，除英、美、法、德等國的教會醫院外，加拿大、丹麥、瑞典及日

---

3 楊念群（2006），《再造「病人」：中西醫衝突下的空間政治（1832-1985）》，北京：中國人民大學出版社。頁7。

本等國也加入新建醫院行列，而其中以美國教會所建之醫院最多。早期的教會醫院基於慈善宣教理念，一般均施行免費治療給藥活動，但從1870年代起，由於資本主義營運價值的擴大影響，教會醫院也開始施行收費制度來補經費及設備更新需要，而且收費日益高昂，特別是一些相當有名的醫院，如北平協和醫院、南京鼓樓醫院、上海廣慈醫院等即是。同樣地，教會醫學院也改變了初期爲傳播福音而辦學的理念，不但不再免收學費與供應膳宿，反而致力於吸引富家子弟就讀並收取高額學費，像是協和醫學院便不再是一般人能夠念得起的學校了。

參、西醫教育

　　西洋醫學傳入後，初期只靠傳教士或外國醫生進行診治，但隨著診所和醫院陸續地開辦和擴大，來華的外籍醫療人員必定不足，所以便開始僱用華人做些簡單的護理和治療等輔助性事務，中國的西醫教育也就此開始了，如1806年即有診所開始招收華人學習種牛痘。然而，這種簡單的醫療護理人員培訓還是無法肆應醫院的日漸擴張的需求，所以爲能養成正式資格的醫務人員，醫學院校便於十九世紀中葉後紛紛出現了。

　　先就教會辦的醫學教育而言，1866年開辦的南華醫學校爲中國最早的西醫教會醫學校，1884年杭州成立廣濟醫學院，1887年香港西醫書院成立，1889年南京史密斯紀念醫院

醫學校成立，截至十九世紀末，尚有山東濟南、江蘇蘇州、上海等地的教會醫學院校相繼出現。二十世紀以後的教會醫學院校更是迅速地發展，如1901年廣州成立夏葛女子醫學校，1903年上海成立大同醫學校，1906年北京成立協和醫學堂，1908年漢口成立大同醫學堂、廣州成立光華醫學專門學校、南京成立金陵大學醫科，1909年廣州成立廣東公醫專門學校，1910年南京成立華東協和醫學校，1911年青島成立德國醫學校等等，尚未列數入內亦很多，足見教會醫學教育發展迅速。

再就政府辦的西式醫學教育而言，由於自強運動的西化推展，以及教會醫學院校的刺激，屬於公辦的醫學堂亦紛紛出現。清政府於1865年在北京的同文館設科學系，其中的醫學科學講座可算是西醫課程的濫觴，1898年清政府又創辦京師大學堂，而原同文館於1903年被分成譯學館和醫學實業館，隨即將醫學實業館併入京師大學堂，之後醫學教育部分又於1905年改稱為京師專門醫學堂。另外，清政府於1908年在湖廣開辦湖北醫學堂，1909年廣東開辦醫學專門學校，甚至到了1911年時浙江省也有醫學堂成立。由此觀之，清政府所開辦的西式醫學教育係在時代背景的驅策下所形成，對照教會醫學院校在同時期的快速增多，公辦醫學教育顯然腳步緩了很多。

除了中國內部的醫學教育之外，清末國外留學教育也日漸風行。1905年清廷廢除了傳統科舉制度，因日本在甲午戰爭和日俄戰爭的勝利影響，逐漸有大量公費和自費留學生留日習醫，而日本的醫學體制是明治維新時引進的德國模式。為能抗

衡這股留日趨勢，美國亦於1908年決定將庚子賠款的半數作為清政府派遣留美學生之用，甚至在民國建立後，美國洛克菲勒基金會買下了北平協和醫院並每年選派留學生去美國學習，因此留美學生日益增多。這些留學習醫的學生，日後都成為中國醫學教育發展的中堅人物，當然也因為留學國家的關係，日後的中國醫學界逐漸產生派系之分別，如德日派與英美派的分野便是一例。

　　最後就傳統中醫觀之，二十世紀初期之國家醫政已轉由西醫所掌握，特別是醫學教育體制在1911年民國建立後，1912年南京政府隨即公布「大學令」確立了以西方醫學為主體的醫學教育模式，而1913年的北洋政府更改革了醫學教育制度，並且試圖把中醫排除出醫學課程之外[4]。結果，西醫教育就成了此時期之醫學人才養成的正式管道，而中醫人才的養成管道則逐漸地淪為民間醫療的非正式醫學類屬。

肆、軍醫出現

　　在李經緯編的《中外醫學交流史》一書中有提及：「1856年，清政府委任關韜為五品頂戴軍醫，去福建清軍中

---

[4] 趙洪鈞（2012），《近代中西醫論爭史》，北京：學苑出版社。頁144-150。

服役，是中國第一個西醫軍醫。」[5] 由此觀之，當英法聯軍戰火之際，軍隊整軍備戰陣容亦開始納入西醫軍醫，而自1960年代起持續近三十五年的自強運動，在全面學習洋務導向的新式軍隊化過程，西醫軍醫更成爲不可或缺的一員。因此到了二十世紀初期，歷經甲午戰爭、庚子拳亂導致八國聯軍等諸事件後，西醫軍醫已是軍隊中制度性教育養成的一環。根據中研院台史所劉士永研究近史所外交檔案時指出，1900年代有很多西醫軍醫被派往國外參加軍醫大會，如1905年的軍醫何根源、陸軍醫官徐英揚，1906年的醫官陳世華，1909年的醫官唐文源，1910年的游敬森，以及1911年的醫官黃毅、陸昌恩等人。

關於軍醫教育方面，1881年時任北洋大臣與直隸總督的李鴻章在天津成立了醫學館，召回了八名留美學生入館習醫，由英籍醫生John Kenneth Mackenzie主持籌備。第一班畢業於1885年，頒有政府印鑑的中、英文證書，第一名學生林聯輝後來任第一任總辦（校長）[6]。該醫學館以總督醫院作爲臨床學科的實習醫院，基礎醫學則在醫學館進行，學制四年。1894年醫學館改名爲北洋醫學堂，先後委任英國愛丁堡大學醫學士曲桂庭和醫學館第一班畢業生徐華清爲總辦（校長），

---

[5] 李經緯編（1999），《中外醫學交流史》，湖南：湖南教育出版社。頁301。關韜又名關亞杜，是美國來華傳教士醫師Peter Parker（1804-1888）於鴉片戰爭前訓練的中國籍助手（學生），能作一些眼科和外科手術。

[6] 李經緯編（1999），《中外醫學交流史》，湖南：湖南教育出版社。頁304

學制四年不分科，而教員多爲英國人並以英文醫書爲課本。課程包括有解剖、生理、內科、外科、護產科、皮膚花柳科、公共衛生、眼耳鼻喉科、治療化學、細菌學及動植物學等。

自強運動開展後，李鴻章即奏請清政府加快建設海軍，1875年創設北洋艦隊，1881年在旅順和威海衛兩地修建海軍基地。由此可知，醫學館的設立便是爲北洋海軍培育軍醫人才，所以規定畢業之學生可分配到海軍去擔任醫官。或許也因爲醫學館或日後的北洋醫學堂主要係爲海軍提供軍醫所用，所以葉續源將「北洋醫學堂」、「北洋海軍醫學堂」、「海軍醫學堂」等用以指稱當時軍醫教育機構之名稱，認爲不過是同一間學校的三種稱呼而已[7]。然而由於甲午戰爭失敗，北洋艦隊受日本海軍重創，再加上後來的義和團事件影響，1900年北洋醫學堂關閉。

甲午戰爭失敗不但重創了新式海軍軍力，也讓當時擔任軍政要職的重臣權力轉移，1895年袁世凱奉命於天津小站訓練新式陸軍，並接任直隸按察史，八國聯軍事件後，慈禧太后特別拔擢其繼任直隸總督兼北洋大臣，此時的袁世凱可說是取代了過去李鴻章的地位，並且就軍種的重要性來看，新式陸軍已經位居新式海軍之上了。袁世凱意圖仿照德國陸軍編制來建立他的新式陸軍，因此旗下多爲德日籍的軍事顧問，1902年清

---

[7] 葉續源（2007），〈我國第一間公立學校〉，《遠源季刊》第23期，頁5-7。頁6。

政府批准了他的請奏，即中樞設軍機部，下轄練兵處，練兵處下設軍令、軍政及軍醫三司，由奕劻爲軍機處總辦，袁世凱爲協辦。

1902年11月24日，袁世凱在天津辦了北洋軍醫學堂，校長徐華清爲天津醫學館第一班畢業生，學校招收醫科學生學制四年，而教員多爲日本人且教材用日文。由於日本現代醫學體系係源自德國醫學模式，因此北洋軍醫學堂應理所當然爲德日式系統，而且也以培育新式陸軍軍醫人員爲目標，無怪乎，1906年軍醫學堂的名稱就直接改爲陸軍軍醫學堂了。

在民國建立之前，軍醫教育機構除了北洋軍醫學堂之外，依學者們的統計，各省新式的軍醫教育機構尚有1904年在成都的四川軍醫學堂、1905年設於保定的保定軍醫學堂、1905年在武昌的湖北軍醫學堂、1906年設於廣州的廣東隨軍醫學堂、1906年設於江寧的江蘇衛生學堂，到了1909年，在廣東還有設立陸軍醫學堂和海軍醫學堂等等。

儘管有這麼多的軍醫學堂出現，但其發展命運卻各不相同，有些相互兼併、有些則早無可考，唯一存續到戰後以至延續到台灣來的，只有北洋軍醫學堂一系之發展脈絡。因此，綜觀中華民國的軍醫發展概況，溯及源頭可從北洋軍醫學堂開始，往下推到民國建立後的軍醫學校、戰後的國防醫學中心，以及遷台後的國防醫學院。這條脈絡亦是本書探討軍醫發展的軸線，同時也含括了中華民國至今的歷史發展過程。

第二章

流離四十五載的軍醫學校

壹、載浮載沉的軍醫教育

　　自發生英法聯軍之役和太平天國之役後，清廷始進入洋務改革的自強運動，李鴻章爲洋務改革的中心人物，不但先後建立南洋和北洋艦隊，1880年更於天津成立水師學堂。然而1895年中日黃海之役，海軍幾乎被殲滅，隨後袁世凱上書練新式陸軍以強化國家防衛能力，於是清廷在1898年召他以侍郎候補職專辦練兵事務，日後他任徐世昌爲總提督及段祺瑞爲軍司令，同時聘了一批德國和日本教官來訓練新軍。1900年八國聯軍攻陷北京，慈禧與光緒皇帝倉皇逃出京城，事定之後，在畿輔小站訓練新軍的袁世凱，鑑於軍隊建置須有醫務衛生之配合，便奏准設立軍醫教育機構，於1902年11月24日在天津東門外的海運局成立「北洋軍醫學堂」，此即軍醫學校的創校之始。軍醫學堂係委北洋軍醫局局長徐華清爲總辦，徐華清曾進入美國哈佛大學學習，之後留學德國獲得醫學博士，學堂開辦前他特別再出國考察，並攬聘日、德專家來學堂教學。

　　學堂創校之初只招收四年制醫科，以天津的官醫院作爲學生實習的附屬醫院。依據現存資料考證，認爲當時的教員多爲日人且沿用日文課本，除了聘日本軍醫平賀精次郎爲總教習外，並有味岡平吉、宮川漁男、我妻孝助、高橋剛吉、藤田秀太郎、三井良賢、鷹巢福市等人組成教學團隊，直到1908年

伍連德受聘爲學堂協辦後沒多久，平賀精次郎才離開[1]。1906年學堂由陸軍部軍醫司接管，徐華清兼任司長，學堂名稱更改爲「陸軍軍醫學堂」，並新建校舍於天津黃緯路。1908年學堂增設藥科，修業三年，此爲我國藥學教育之先聲，然而由於國內醫藥師資極缺乏，因此聘任之教學者也多爲日本人，且人數高達三分之二之多。

民國建立後，軍醫學堂於1912年更名爲「陸軍軍醫學校」，徐華清離職，校長由李學瀛接任。李學瀛係軍醫學堂醫科第一期畢業，所以他雖然是第二任校長，但也是第一位擔任母校校長的校友，儘管他在任時間也不是太長，但就是在他任內，陸軍軍醫學校才有了教育綱領得以按部就班教學，同時成立了自己的附屬醫院[2]。事實上，軍醫教育在民國之後已取得法源，軍醫事業亦成爲國家扶持之軍事專業之一，根據民國政府教育部所頒之教育綱領，陸軍軍醫學校始釐訂教育實施計畫，按步施教並設立附屬醫院，而學生至此也不須再遠赴官醫院實習。在教材採用方面，由於日本醫學係沿襲德國醫學模式，所以學校也逐漸以德文爲第一外語。

1915年由海軍軍醫學堂畢業的全紹清接任校長，在任期間

---

[1] 曾念生（2012），〈母校首任總教習──平賀精次郎考〉。《源遠季刊》第41期，頁8-11。頁8。亦可參見李經緯編（1999），《中外醫學交流史》，湖南：湖南教育出版社。頁278。

[2] 曾念生（2013），〈李學瀛校長二三事〉。《源遠季刊》第43期，頁7-9。頁7。

致力增添學校設施並努力延攬名師到校任教，但仍感於學校地處偏僻，不但採購物資不便，增聘師資也不易，因此有遷校的打算與規劃，爾後終於在1918年學校由天津遷到了北平，新校址爲北平東城六條胡同北小街地段。在全紹清主持校務期間，爲壯大教學內容和提高學生素質，陸續資送助教去日本及美國留學，學成後回校任教；同時亦先後增設軍陣防疫研究科、眼科研究所、耳鼻喉研究所、司藥本科（研究科）四個研究科，定進修期限爲二年。種種作爲皆使學校之學術風氣日益興盛，無怪乎鄔翔會直稱：「全紹清在校歷時七年，辦學有成，校譽丕振，爲軍醫學校創校以來黃金時期。」[3]1921年底，全校長因調升教育部次長離職，而陸軍軍醫學校亦始漸規模。

其實在民國建立沒多久，袁世凱即繼任大總統一職，北方政府尚稱統一，然而當1916年6月袁世凱死後，北洋軍各派系便相互傾軋且兵戎相見，因此自1916年到1927年國軍北伐成功這段期間，北方政府多是操之於軍閥之手，故史稱北洋軍閥統治時期。1920年北洋軍閥內部第一次軍事衝突的直皖戰爭爆發，開啟了軍閥混戰的時代，這次戰爭後，北方政府成了直系和奉系兩派角逐權勢的戰場，而1921年開始的直奉衝突，以及1922年和1925年爆發的兩次直奉戰爭，使北方政權陷入了政治混亂、經濟停滯和民不聊生的狀態。

---

[3] 鄔翔（2001），〈建校百年說從頭〉。《源遠季刊》創刊號，頁60-79。頁60。

　　因此，陸軍軍醫學校在1922年由戴棣齡接任校長後，即受到這般軍閥割據、派系傾軋、兵連禍結、經費支絀的情況下，校務推展產生極大的困難，導致連年更換校長。例如戴棣齡僅任一年去職，1923年張用魁繼任校長，1924年張修爵接任校長，1925年梁文忠接任校長，1926年陳輝接任校長，1927年北洋政府由奉軍所組的安國軍把持政權並派其屬員魯景文爲校長，1928年受到北伐的國民革命軍攻擊，魯景文校長亦隨安國軍退出關外不辭而去，陸軍軍醫學校頓時陷入群龍無首的境況，被迫組織維持會，由主任教官張仲山暫時主持校務。

　　這期間，陸軍軍醫學校的經費也不時處於停頓狀態，教員經常領不到薪俸導致教學效率降低，因此常發生怠教不上課的情況，而各科的實習及醫院的臨床見習亦多付之闕如。這般運作窘境的經營模態，使學校對外的欠款逐漸債高難還，對此，中研院台史所的劉士永即以史料來顯現此種景象，如1923年9月，英國公使來函：「陸軍軍醫學校欠付本國商行人民等款項一事催請速復由」；同年10月外交部轉來爲該校洋教員索討薪餉的公函：「陸軍軍醫學校欠付孔美格薪金暨利華藥房貨價事希速復」；在1925年3月外交部檔案所示：「長蘆鹽商捐輸軍醫費已停止征收由」。這些記載皆已透露出陸軍軍醫學校在軍閥混戰的時局影響下，持續慘澹經營的艱困情景，當然，陸軍軍醫學校的發展也從全紹清時代的黃金時期，進入了長達六年的黑暗時期。

貳、軍醫學校的制度化

　　1928年北伐成功後，南京國民政府擬依憲法逐步實現國家建設現代化之理想，遂在行政院轄下設衛生部，內置五司：醫政、保健、防疫、統計及總務；省（市）政府設立衛生處（局），縣政府設立衛生院，從而開啓了國家正式中央醫務與衛生行政之系統。衛生部成立後，美國哈佛大學醫學博士並曾任北平協和醫學院院長的劉瑞恆被延攬爲衛生部次長，隨後升任部長而實掌大權。爲實現理想，他將美式醫學制度移入政府衛生組織部門，從而打造出中國現代醫療和公共衛生事業，所以劉士永即稱他是「這一事業的創建者和領導者」[4]。爲了建立制度化的醫療衛生專業體系，他也承受了習慣舊醫療制度者的反彈，譬如在《楊文達先生訪問紀錄》中就有提到一個例子：[5]

　　當時教會醫院盛行訓練學徒的制度，…對於舊的學徒制度，北洋政府時代曾經給這批學徒「通字牌」的醫師執照，准許他們開業，而正式醫學院畢業的學生則持「醫字牌」醫師執照。革命軍到南京之後，政府不再發給「通字牌」執照，因爲這批人人數

---

[4] 劉士永（2009），〈淺談戰後初期的台灣醫學活動與資源整合〉。《源遠季刊》第31期，頁5-11。頁9。

[5] 中央研究院近代史研究所（1991），《楊文達先生訪問紀錄》，台北：中央研究院近代史研究所。頁5。

大約和正科畢業的人數相近，所以他們也鬧得很厲害，時常批評衛生部長劉瑞恆。

此際，在北平的陸軍軍醫學校改隸國民政府軍政部，軍事委員會也派人接收陸軍軍醫學校，接收後即委維持主席張仲山爲校長來重新組織、編制與擴充校務。這時醫科修業期限從四年調爲五年，而藥科則由三年調爲四年。此外，爲培育軍中無正式學資的醫務人員，開設二年制醫科及藥科補習教育，讓他們以原職帶薪入學，提升軍隊醫務素質。1929年戴棣齡再度回任校長一職，校務亦開始重振，11月軍政部公布了《軍醫學校教育綱領》，其間對教官、教學內容、教育方法、教育目的均做了相關規定，比如要求選任各科都有專長且能主任一門或兼授其他有關係數門功課的教官，而教學內容以國文爲主並就學生程度參用東西各國文字，而在教學方法上則規定各門功課均以理論與實驗相輔教授等等。1931年陳輝校長任內開始實施新生的四個月入伍訓練，使學生具備軍人武德的氣息。

然而北伐的成功並沒有讓戰爭停止，除了內戰的持續不斷外，日本更加快對華入侵的野心，1931年的「九一八事變」及1932年的「一二八事變」呈現了其大舉侵逼企圖，1933年更進占山海關並攻入長城各隘。同時，在中央政府南京所在地方面，1931年衛生部被組織縮小而改設爲內政部衛生署，1932年另於全國經濟委員會下設立中央衛生設施實驗處，1933年改制爲中央衛生實驗處，旨在研究衛生技術問題並培養人才。

鑑於中日戰爭的無可避免以及北平淪陷的危機，在劉瑞恆的主導之下，當時的嚴智鐘校長即決定將北平的陸軍軍醫學校遷往南京，並以南京漢府街前陸軍第三軍醫院院址（北校）及東廠街前江蘇省立工業學校（南校）爲校舍。到了1934年，劉瑞恆更以軍事委員會監理設計委員會總監身分兼任了陸軍軍醫學校校長，開啓了陸軍軍醫學校邁向現代化的發展目標。

關於劉瑞恆兼任陸軍軍醫學校校長，曾任軍醫署副署長之陳韜指出這是陸軍軍醫學校從黑暗時期邁向正常時期的發展過程，他說：[6]

我軍醫制度，創始於清末小站練兵時期，惟當年限於軍醫人才，過分稀少，故雖具有軍醫之制度，並無軍醫之實質，此一時期可稱爲我國有軍醫之制度，而無人爲之軍醫時代。迨至民國開國後，軍閥勢張，部隊成爲軍閥割據主力，軍醫亦隨成爲各部隊長私人之夾帶，雖具有軍醫組織，卻無組織力量，此一時期，可稱爲我國有軍醫組織，有人爲，而無組織作爲時代。此二時代雖有人爲與無人爲之不同，軍醫均無聞於社會，即在軍事上、部隊中，亦罕被重視，此二時代，可統稱爲我軍醫黑暗時代。北伐告成，軍政統一，衛生署署長劉瑞恆先生，以軍事委員會軍醫監理設計委員會主持人身分，奉令兼任軍醫署長，以其過去曾任北京協和醫學院院長學人之潛力，兼以所轄衛生署、衛生實驗院、中

---

6 陳韜（1989），〈近五十年來幾位軍醫先進〉，收錄於劉似錦編《劉瑞恆博士與中國醫藥及衛生事業》，頁63-65，台北：台灣商務印書館。頁64。

央醫院之既有人力、物力，得以磅礴氣魄，恢宏計畫，期於十年內，奠定軍醫基礎，二十年內，使軍醫建設，邁入正常現象。

遷校南京後，為配合整體戰事之布局，劉瑞恆集衛政大權於一身，屬英美派教育的積極人物。而陸軍軍醫學校是偏向德日派的教學模式，教學上一直以德語為第一外語，因此當劉瑞恆任校長之初，即從協和醫學院調來了許多醫師和教授，大肆改革校政，重新訂定各科教育計畫，並將原有教職員盡行撤換，第一外語也改為英語，試圖「改掉軍醫學校中德國人的那一套作法」[7]。當然，這般大幅度的改變遭部分陸軍軍醫學校校友及在校師生反對，進而掀起學潮，但劉瑞恆還是銳意整頓，並以鐵腕方式強制停課兩週，懲罰參與學潮的學生代表八人並禁閉一週於陸軍軍官學校，以其權勢來大刀闊斧改進校務，派留美醫學博士沈克非為教育長實際主持校務。

明顯而見地，劉瑞恆即是以協和醫學院為藍本來改造陸軍軍醫學校[8]，同時為配合軍隊醫務需求，從1934年夏季開始亦將醫科修業年限縮短為四年、藥科修業年限縮短為三年。1935年戰事日趨嚴峻，為應付對日作戰所需，學校設軍醫訓練班以召集各部隊之軍醫人員受訓，並任嚴智鐘為主任。鑑於

---

[7] 中央研究院近代史研究所（1991），《楊文達先生訪問紀錄》，台北：中央研究院近代史研究所。頁96。

[8] 文忠傑（2001），〈略記國防醫學院之沿革及其與協和醫學院之淵源〉。《源遠季刊》創刊號，頁12-13。頁12。

培育之醫療人才畢業後不僅是分發到陸軍工作，也會分發到海軍和空軍服役，於是在1936年將原「陸軍軍醫學校」校名改爲「軍醫學校」，以符合實際情況。

　　由於主掌全國醫藥衛政大權，劉瑞恆的美式醫學教育改革更試圖擴展成全中國醫學教育的標準模式，而嘗試規劃英語爲各校第一外語的情形便是一個重要指標。但是這樣的規劃必然會引起德日派學校的反對，留德的醫學博士張靜吾在其回憶錄中即曾說過：[9]

　　1936年春，醫學教育委員會在南京教育部開會，朱章賡提議要以英文作爲全國醫學院校第一外語。我發言反對說：現有一半院校是以德文爲第一外國語，若一下子都改爲英文，必有許多困難，且亦無此必要。其他人亦有贊成我的意見的，因而此案未獲通過。此外，他們擬就的會後赴上海參觀計畫中，竟無老牌的同濟大學醫學院。睹此情況，很明顯，他們英美派是要壓抑德日派。

　　可知美式醫學的制度化推動係存有現實上的困難，但是軍醫學校卻被劉瑞恆的強勢運作下順利地轉換爲美式教學模式。然而軍醫學校的這般教學模式隨著劉瑞恆離校又呈現了變化，1937年留德博士張建接任校務後，美式教學又慢慢地轉回成德式教學了。

---

[9] 張靜吾（2008），《九十年滄桑》，香港：泰德時代出版有限公司。頁59。

參、新軍醫與一千八百公里的流離

　　張建為廣東梅縣人，陸軍軍醫學校醫科十五期畢業，後留學德國取得柏林大學醫學博士及哲學博士，1934年回國時即奉長官余漢謀之令籌建廣東軍醫學校。鑑於過去社會對軍醫的評價不佳導致「窮參謀，富軍需，跑腿副官，吊兒郎噹當軍醫」口頭禪之流傳情形，張建決心扭轉與重塑軍醫形象，所以在籌備廣東軍醫學校之初，便思考要從軍醫教育來提升軍醫素質以造就出更好的軍醫人才。於是在跟于少卿等一些留德博士討論學校的教育規劃時，便決定以德國醫學教育模式來進行，當時大家初步的共同意見如下：[10]

1. 我們要有理想，尤其要有意志相同的核心人物，共同努力推動促其實現，其成敗視為個人之榮辱。
2. 學校教育編制，採取德國學制，不單取其有效的課程編排與教學方式，並且要學習德國人苦幹實幹之精神。
3. 聘請德國籍病理學、細菌學、內科學、外科學教授四人，以提高學校之學術水平及臨床經驗。
4. 爭取德國洪堡基金會（Humboldt Stiftung）獎學金之名額，以利優秀助教之進修。

　　除了採行德國醫學教育模式外，廣東軍醫學校所聘請的教

---

[10] 張麗安（2000），《張建與軍醫學校》，香港：天地圖書有限公司。頁75-76。

授大多數是留德醫學博士和德國籍教授[11]，因此德式系統相當鮮明。學校開始運作後，爲激勵學生對學校的向心力，張建特別在學校的外圍牆上豎立一個寫著「創造軍醫新生命」的大標語牌，同時在經費充裕的情況下整齊地建設教學環境讓學生擁有榮譽感。1936年冬蔣中正南下視察，他乘飛機來廣州時在空中特別注意到西村附近整齊壯觀的建築物，而隨從人員也跟他說明這是「廣東軍醫學校」。隨後蔣中正召見張建時並垂詢詳問有關廣東軍醫學校的各類問題及德國方面的情形，時間長達二十多分鐘之久，最後，蔣中正直接對張建說：「你到中央來，我把全國的軍醫事業交給你辦。」這結下了日後張建入主軍醫學校的機緣。

時序進入1937年，中日全面戰爭屆臨一觸即發境況，政府下令所有各軍事院校皆由軍事委員會委員長蔣中正兼任，所以軍醫學校校長即掛以蔣中正爲名。蔣中正因賞識原廣東軍醫學校張建校長的辦學經驗，便電召張建到南京任軍醫學校教育長，全權授予校務處理，並將原廣東軍醫學校改爲軍醫學校的第一分校。張建爲留德的醫學暨哲學博士，對軍醫教育有其理念看法，不但將醫科教育恢復爲五年期、藥科教育恢復爲四年期，更將第一外語改回德文。不過鑑於戰時亟需廣納各方人才，教育師資同時接納英美和德日兩派。

---

[11] 張麗安（2002），〈張建與軍醫學校〉。《源遠季刊》第2期，頁33-37。頁34。

　　7月7日發生蘆溝橋事變，全面抗日戰爭因而啓動；8月13日日軍向上海吳淞江灣間國軍進攻，爆發了淞滬戰爭，在炮火迫近南京的緊張情勢下，軍醫學校奉命南遷廣州，9月與軍醫學校第一分校（原廣東軍醫學校）合併上課。當時廣東軍醫學校擁有的寬敞校舍且基礎醫學大樓也很完備，所以容納南京軍醫學校百餘名學生尚且綽綽有餘，而兩校的教學陣容及設備也各有長短，剛好形成可達成互補的學習效用，譬如在基礎醫學方面，南京學校是以生理學與生物化學的設備較好，而廣州學校是以解剖學和病理學見長。但因爲廣州學校是以德文爲第一外國語，所以南京學校的同學遷來之後都必須加強德文學習。

　　1937年入冬開始，日機頻頻在廣州上空轟炸，11月20日國民政府宣告遷都重慶，12月13日南京陷落而造成史上的南京大屠殺慘案，舉國震驚。1938年戰事向南擴延，日軍登上惠州，軍醫學校再次準備往西遷移。在討論軍醫學校西遷的準備時，就決定以貴州爲最後終點，並曾在地圖上圈定兩個城市，一是貴陽通往雲南公路的安順，一是貴陽通往四川公路的遵義，當時大多數的人都贊成去安順，但是從廣州到安順的路途遙遠，而且時局變化快速不定，因此，搬遷中途便先以廣西的桂林、大墟及陽朔三地稍作喘息之地，另一方面，張建也派人趕到安順尋找學校駐地並加緊籌建。

　　到了廣西桂林，三個進駐地區之安排分別是：桂林由藥科主任張鵬翀帶領藥科學生駐於此地；大墟是給各期醫科學生作爲上課、自修及住宿之用；陽朔則分配給新歸併予學校的軍醫

預備團進駐,同時也作為學校醫藥科新生入伍生隊的軍事訓練之用。1938年11月廣西戰事吃緊,張建立刻派于少卿與萬昕到安順確認校址,當軍醫學校駐留廣西八個月之後,在1939年1月時終於奉准再內遷貴州安順,於是學校全體官兵師生整裝待發繼續向安順遷移。遷移的安排是由卡車分批運送學校的設備教材,長官眷屬則自行搭車前往安順,而全校四百多名學生係分成四大隊,由各隊長及隊副帶領下先後以行軍方式向安順啟程。

據《張建與軍醫學校》書中所載,從桂林行軍至安順,約有一千一百多公里的路程,將近五十天的徒步行軍,對這四百多名的年輕人,這不但是一項考驗,也是一種磨練,但如果是從廣州到桂林再轉遷至安順來算,則全程約有一千八百餘公里遠,沿途搬遷跋涉需要歷時約六十天,這種考驗更是艱難[12]。但是儘管辛苦與困難,在1939年3月中,全體官兵師生終於全部平安抵達安順,全部的器材設備也皆安然運達。

安順位於貴州省中部略為偏西的地方,方圓約三里,有東南西北四個城門,而貫穿四個城門的十字大街就形成城內鬧區。軍醫學校於安順的安置地點都是在北城門和東城門之外,大致來說,安順城北門外的大營房是作為校本部之用;東門坡的孔廟及其附屬的若干破舊房屋是用來作為建立教學醫院及臨床

---

[12] 張麗安(2000),《張建與軍醫學校》,香港:天地圖書有限公司。頁119,126。

教學中心；而北門的地藏廟及其附近各處之小廟宇和小祠堂則是規劃作爲入伍生訓練場所及學校醫藥器材與被服倉庫之用。

　　儘管校地百廢待興，爲鼓勵學生與振奮軍心，張建秉持在開辦廣東軍醫學校時之創造軍醫新生命的教育理念，在安順的軍醫學校前面大操場西南角靠馬路邊，特別設計豎立了兩根長鐵柱並架起有鐵絲網的橫框，上面高高懸掛著用紅漆鐵皮寫成的六個大字「作新軍醫者來」，以作爲全校師生的精神號召以及吸引新生來報考就讀。針對這六個大字的影響性，依據袁錫霖和鍾鏡清回憶作學生當時的印象，指出：[13]

　　在校本部操場路旁，高懸之「作新軍醫者來」，是給入校員生指出一個奮鬥的目標和要求。因此，我們終身以「新軍醫」自許，要求自己努力奮鬥，爲祖國之衛生事業而貢獻終身。

肆、軍醫教育的規模發展

　　軍醫學校歷經幾年的顛沛流離，到了安順才暫時安定了下來，校務亦開始發展，頒訂新編制，員額增加，設教務處、總務處、政治部（後改爲新聞部）、學員生總隊部等，所有的教育措施皆以抗戰勝利爲著重點，教育計畫亦重新釐訂。當時安

[13] 張麗安（2000），《張建與軍醫學校》，香港：天地圖書有限公司。頁168。

順的軍醫學校，除了教學設備方面完整的到達以及凡是能買到的都盡量購買之外，在師資方面亦持續地延攬流落後方的專業師資，整體學校教師年齡平均約四十歲左右，教學經驗豐富，師資背景雖有留美和留日的，但還是以德國留學者居多。另外，附屬醫院成立時之各科主任教官也多為留德學者，如內科張靜吾，外科先由于少卿處長兼任，後由梁舒文、阮尚丞、朱裕璧，皮膚科高禩瑛，眼科陳任，耳鼻喉科張迺華等均為留德學者，故教學及醫院管理亦多仿照德式辦理。此般制度、設備和師資的完善狀況，無怪乎蔡作雍會直言：「軍醫教育在大陸有規模的發展應始於張建教育長。」[14]

　　因此在設備完整與師資齊全的情形下，學生實習和課堂示教都可達到視聽教學的要求，而臨床課更亦能以病人示教講課，所以抗戰期間，在安順的軍醫學校培養了不少優秀醫務人員。軍醫學校主要辦的是大學醫學教育，然而1940年抗日戰事緊繃，前線的野戰部隊和後方的軍事醫療機構均急需醫事人才，軍醫學校為因應此等需求，奉命擴大招生並增設科系，開始每年招生兩次，創辦牙科、增設護士訓練班、藥劑班、繼辦專科部醫學組等。總歸來看，當時的學制大致可分為：1.大學部包括醫科、藥科及牙科；2.專科部包括醫科及藥科；3.軍醫專修科是給主管軍醫入學受短期專業培訓；4.軍醫預備團。

---

[14] 蔡作雍（2001），〈邁入百歲，開展更燦爛的前程〉。《源遠季刊》創刊號，頁14-15。頁14。

此時期政府對日戰略方針係採空間換取時間與擴大戰線主張，以西南之廣西、貴州、雲南、湖南等為右翼支柱，以西北之陝西、甘肅、寧夏、青海、新疆等為左翼支柱，各駐重兵且互為支援，而所有軍事設施也都依此準則來部署。是以，在安順的軍醫學校便依此準則開辦了兩所分校，即是將原本已併入本校的第一分校遷往西安，由軍醫學校醫科十四期畢業且留德習外科的滕書同為主任；又接收昆明雲南軍醫學校改組為第二分校，以軍醫學校醫科三期畢業的原任校長周晉熙為主任（1942年周晉熙因年邁請辭，由軍醫學校醫科十八期畢業且留日多年的景凌灝繼任）。經由擴大招生與增設科系及分校之安排，軍醫人才養成日益增多，並且得以投入戰區滿足戰場需求。

安順的軍醫學校，在張建及其師生的努力下已快速地規模化，這與當時同樣後遷的民間各醫學院校相比，豐富的資源與充沛的師資著實地讓他校人員羨慕。1940年安順的軍醫學校辦了慶祝三十八週年的校慶活動，首次舉辦了大規模的展覽會，內容十分豐富且深得各界好評，當時在歡迎各地來賓的大會上，江西中正醫學院院長王子玕博士在致辭中，即高度讚揚學校所擁有的重大成就，而特別強調了三個第一：人才濟濟第一，設備完善第一，管理嚴格第一。這般讚揚並非客氣之語，事實上，軍醫學校畢業生的素質與表現，已逐漸有目共睹，而各大專院校也經常來學校觀摩，教育部亦派員實地考察，所以在這一年，教育部終於承認凡是軍醫學校的畢業生，持有畢業文憑者，即可向衛生署申請「醫師證書」或「藥師證書」，也

就是說，無論在軍隊或地方均可工作或開業。要知道在這以前，軍醫學校一直不為當時的醫學界所肯定，張麗安就稱：「這真是軍醫史上的一個突破」[15]。

1941年為實施研究發展與因應軍隊需要，軍醫學校設立了三個研究所：「藥品製造研究所」，除提供藥科學生實習外，主要在製造大量軍隊所需要的藥品和注射液；「血清疫苗製造研究所」，旨在因應戰時戰區常有發生霍亂、傷寒、副傷寒及天花等傳染病時，得以有疫苗運送戰區防疫；「陸軍營養研究所」，成立目的係因各戰地軍隊常因食物不足導致營養不良和維生素缺乏之情況，研擬及指導軍隊食物素質的改善[16]。這三個研究所的設立，著實地提升軍醫學校的教育與研究能力。1942年春，教育部陳立夫部長親自來軍醫學校參觀，眼見教學人才濟濟與設備完善充實，果然名不虛傳，直稱大可作為其他醫學院模式，也希望學校能再進一步培養他校醫學專門人才。於是在教育部長返部後，便派祕書長來商洽軍醫學校代訓其他醫學院助教及講師之事。軍醫學校經過多年的努力，在教育高層的肯定之下，總算是「雪除了過去數十年校譽不良之恥！」[17]

---

[15] 張麗安（2000），《張建與軍醫學校》，香港：天地圖書有限公司。頁179。

[16] 國防醫學院院史編輯委員會（1995），《國防醫學院院史》，台北：國防醫學院。頁29。

[17] 葉續源（2002），〈張建與軍醫學校讀後感〉。《源遠季刊》第4期，頁4-8。頁6。

　　軍醫學校與當時另一個軍醫訓練機構「衛訓所」係存有
競爭的態勢，軍醫學校以辦理大學教育為主，而衛訓所是以短
期訓練為主，然兩者間較明顯緊張關係的是德日派醫學與英美
派醫學的分野。儘管涇渭分明，但雙方亦偶有交流事跡，譬如
1942年軍醫學校四十週年校慶時，衛訓所便有派人來安順參
與，據陳韜回憶他在衛訓所時，曾「陪同林可勝先生，由貴陽
去安順趨賀，見其校門外，高豎牌樓，標示『新軍醫者來』，
足證其已有之意向。」[18]同樣地，在當時任職於軍醫學校的張
靜吾也提到「四十週年校慶時，設在貴陽的以林可勝為主的英
美派所主持的紅十字會醫療隊同仁來校參觀，他們素以高傲自
居，而參觀後竟坦率地說，以前認為德日派只會辦門診部，現
在看來醫院亦辦得很好。」[19]

　　另一方面，軍醫學校與衛訓所的師資人員也偶有交流，
像軍醫學校就聘了貴陽圖雲關骨科醫院的屠開元來兼任骨科教
授，「屠教授喜愛踢足球，每次由圖雲關來校教課後，總和學
校球隊一塊兒踢一場足球」[20]。又如，據軍醫學校醫專二期的
江斌所回憶：[21]

---

[18] 陳韜（1993），〈近五十年來幾位軍醫先進〉，收錄於《周美玉先生訪問
紀錄》，台北：中央研究院近代史研究所。頁115-141。頁121。

[19] 張靜吾（2008），《九十年滄桑》，香港：泰德時代出版有限公司。頁
73-74。

[20] 張麗安（2000），《張建與軍醫學校》，香港：天地圖書有限公司。頁
194。

[21] 張麗安（2000），《張建與軍醫學校》，香港：天地圖書有限公司。頁
358-359。

　　我於1944年由雲南調貴陽衛生訓練所與盧致德共籌貴陽陸軍總醫院，時道經安順，預定在安順晉謁教育長，面陳去貴陽工作及個人想法，如若建公同意我去則去，不同意，我即回昆明工作。建公勉勵我去貴陽，並交我任務，要我做好雙方師資、學術、講課，達到互相交流的工作。我到貴陽後，將建公的意願向盧致德先生轉達了，盧也接受了，且敬佩建公以事業為重的精神。

由此觀之，在戰爭時局下的軍醫學校與衛訓所仍有共體時艱的氛圍，1944年底，貴陽的救護總隊還與軍醫學校合組一個手術隊，赴滇緬路遠征軍第二十集團軍部隊工作。

　　1944年中國陸軍總司令部在昆明成立，1945年國軍開始在印緬及桂粵進行對日反攻，而在美國投擲兩顆原子彈與蘇聯對日宣戰後，日本於8月14日正式投降，八年抗戰至此勝利。隨後，軍醫學校駐西安第一分校與昆明第二分校奉令併回本校，並於1946年復員上海江灣，1947年6月1日與從貴陽復員的陸軍衛生勤務訓練所合併，改組為國防醫學院。綜觀軍醫學校的發展，從1902年創校以來至1947年併入國防醫學院為止，其歷經校名、校址的改變及歷任校長任期可整理出如下表：

軍醫學校的歷次名稱、校址及歷任校長和任期

名稱	校長	校址	任命日期	任期
北洋軍醫學堂	徐華清（總辦）	天津海運局		1902-1912
陸軍軍醫學堂	徐華清（監督）	天津海運局		
陸軍軍醫學校	李學瀛	天津	1912.12.25	1912-1914
	全紹清	天津—北京	1914.08.23	1914-1922
	戴棣齡	北京	1922.06.30	1922-1924
	張用魁	北京	1924.03.15	1924
	張修爵	北京	1924.11.08	1924-1926
	梁文忠	北京	1926.04.01	1926
	陳輝	北京	1926.11.18	1926-1928
	魯景文	北京	1928.02.23	1928
	郝子華	北平	1928.11.19	1928-1929
	楊懋	北平	1929.02.05	1929
	戴棣齡	北平	1929.09.10	1929-1930
	郝子華	北平	1930.01.27	1930
	陳輝	北平	1930.12.18	1930-1932
	嚴智鍾	北平、南京	1932.10.05	1932-1934
	劉瑞恆	南京		1934-1936
軍醫學校	劉瑞恆	南京		1936-1937
	蔣中正 張建（教育長）	南京、廣州、桂林、安順、上海		1937-1947

第三章

協和醫學院、紅十字總會
救護總隊與衛訓所

壹、協和醫學院與林可勝

　　由於「醫療傳道」的有效性，清末來華的西洋傳教士紛紛設立醫院或醫療館來作為傳教的先鋒，而為了培育當地的醫事人才以拓展傳教事業，成立醫學教育機構便成了許多教會的策略目標。1906年英國倫敦教會成立了協和醫學堂，為中國第一個醫學教育機構，但因經費問題，隨即又將此醫學堂改為與長老會、美以美會、內地會、倫敦教會醫學會與英國國教會等五個英美教會合辦。然而在不穩定的時局及經費困窘的情況下，校務還是無法順利發展。

　　清末，美國石油大王約翰‧洛克菲勒（John Rockefeller）組成「東方教育考察團」並於1908年來華，1910年他捐了兩億五千美元成立「洛克菲勒基金會」（Rockefeller Foundation），1914年他又捐了一千兩百萬美元成立隸屬於該基金會分支機構的「紐約中華醫學理事會」（China Medical Board of New York，簡稱CMB），來專門負責中國醫學教育的援助工作，目標是促使美式醫學的在華發展。

　　此時各教會聯合成立的北平協和醫學堂正處於經費困境狀況，於是洛克菲勒基金會於1915年透過CMB以二十萬美元的價值收購醫學堂，並改名為「協和醫學院」。除了購買醫學堂所有房地產及教學設備之外，CMB更在醫學堂附近北平東城三條胡同購得占地約十公頃的豫王府以作為協和醫院的院址，

在這整個院址上，洛克菲勒基金會投下五百萬美元，從1917年至1921年陸續興建和改建了數十幢建築，而新建校舍一概採取中國式宮殿外觀設計，內部則為西式設計安排，這般中西合璧的建築景觀，到1921年全部完工後便成了一個富麗堂皇的協和醫學院。

協和醫學院成立之初，教師均為外國人並以英語授課，所用的參考書主要亦為英文，學生進來後便接受美式的醫學教育訓練，而教育制度也是採行美式，在《楊文達先生訪問紀錄》中就曾描繪了這種新式醫學制度的模樣：[1]

協和醫學院採用Flexner改革之後的美式醫學教育制度，也就是三年醫預科、四年醫正科以及一年實習的八年制。醫預科方面，辦了四班之後，就交給燕京、金陵、東吳、嶺南及滬江等各大學辦理，而專辦醫正科。醫正科前兩年為臨床前課程，包括細菌學、解剖學、生化學、組織學等；後兩年則學臨床，包括內科、外科、婦產科、眼耳鼻喉科及小兒科等等。實習的一年中，各學生必須在教學醫院中獨立作業，不過，其上仍有住院醫師、住院總醫師及助教授等三位指導者，尤其助教授會教導實習醫師如何寫病歷。

由於協和醫學院在制度規劃和教學設計上均為美式化，因此早

---

[1] 中央研究院近代史研究所（1991），《楊文達先生訪問紀錄》，台北：中央研究院近代史研究所。頁24。

在1916年即取得美國紐約大學的同意，就是當日後協和醫學院學生畢業的同時，也將取得紐約大學的畢業證書[2]。

　　除了劉瑞恆曾任北平協和醫學院的教授與院長外，1924年也出現了華人教授兼系主任的林可勝。林可勝是新加坡華僑，畢業於英國愛丁堡大學醫學院，也是一位國際知名的生理學家，早在1914至1916年歐戰期間，他即曾於法國戰場跟隨印度聯軍擔任戰時醫藥勤務，因此對戰地救護多有認識。1925年發生上海英國租界警察槍殺學生事件，林可勝即率領協和醫學院學生到大街上遊行以抗議英國警察殘暴行為；而針對東北的戰地救護來說，1927年林可勝即欲以類似美式大學預備軍官團（ROTC）的方式，於北京組訓部分軍醫[3]；在1931年的「九一八事變」後，日本意圖染指華北地區，1933年戰事逼近古北口長城地區，死傷慘重，林可勝立即組織以協和學生構成的華北救護隊赴戰地提供醫療服務，此情景或如當時參與其中的文忠傑所述[4]：

　　先生雖未受中國教育薰陶，但愛國心極強，眼見九一八日寇入侵，耳聞我軍在古北口與日軍作戰，因戰地軍醫人力不足，傷

---

[2] 中央研究院近代史研究所（1993），《周美玉先生訪問紀錄》，台北：中央研究院近代史研究所。頁7。

[3] 劉士永、郭世清（2012），〈林可勝（1897-1969）：闇聲晦影的中研院院士與國防醫學院院長〉，《台灣史研究》第19卷第4期，145-205。頁161。

[4] 文忠傑（2001），〈略記國防醫學院之沿革及其與協和醫學院之淵源〉。《源遠季刊》創刊號，頁12-13。頁12

亡頗重。1933年，林教授以個人之號召力，在協和醫學院內組織義勇救護隊，自任隊長，盧致德助教任副隊長，低年級學生如作者每日作軍事操練，學習裹傷，由張先林外科總住院醫師示範訓練，亦得學習擔架輸送操作；高年級住院醫師與年輕外科主治醫師輪流派往古北口與喜峰口在野戰醫院施行手術，救護受傷士兵。

關於1927年和1933年林可勝參與的戰地救護工作，是否受到先前在國外經驗的影響，根據劉士永的看法：[5]

儘管現有資料無法證明林可勝1927年的組織，就是美式大學預備軍官團的在華翻版，但根據1933年華北紅十字救護總隊狀況，或可推論林可勝部分汲取了1914-1916年參加英國印度軍團的經驗，也可能有部分影響來自愛丁堡大學醫學院代訓軍醫之傳統。

由此推之，英美式的戰地救護可能已透過林可勝及其協和醫學院師生在戰場上呈現，特別是流動醫療隊的部署，便是他在歐戰期間參與英軍戰地救護的工作時，學到了解戰地救護因地制宜的理念而產生的。亦即，流動醫療隊是一種以單線組織所構成的救護體系，各救護隊都是隨軍隊或軍醫院的移動來就地展開各項救護工作，所以每個醫療隊便是獨立作業的個體而沒有

5　劉士永、郭世清（2012），〈林可勝（1897-1969）：闇聲晦影的中研院院士與國防醫學院院長〉，《台灣史研究》第19卷第4期，145-205。頁161。

層層後送的程序[6]。這樣的醫療部署確實對日後戰地救護工作存有相當程度的助益。

貳、紅十字會與救護總隊

中國紅十字會最早起源於1904年的日俄戰爭期間，目的為救援流落在東北戰場的難民，於是在1905年由部分上海紳商結合各國人士，設立了萬國紅十字會上海支會。到了1909年時，中國紅十字會已正式登記，1912年上海紳商動員範圍擴及海內外並加入日內瓦萬國紅十字會，從此之後，中國紅十字會不但獲得了國際紅十字會的認可，也受到國家各政權的承認，所以中國紅十字會可說是中國第一批的全國性民間組織，也是第一個全國性的慈善團體。

由於中國紅十字會成立於特殊的時局而具有特定的屬性，所以從日俄戰爭時期起，以致歷經辛亥革命、歐戰、北伐戰爭之過程，呈現出該組織特別地注重戰地救護工作，且積極地投入各項救護資源。由於國際紅十字會的非政府組織特質，中國紅十字會從1912年成立到後來的對日抗戰前，一直排拒政府透過各種管道試圖接管的企圖，努力地維持自身之民間社

---

6 張建俅（2001.12），〈抗戰時期戰地救護體系的建構及其運作—以中國紅十字會救護總隊為中心的探討〉，《中央研究院近代史研究所集刊》第36期，頁117-164。頁137-138。

團的模式。

1931年「九一八事變」後，中國紅十字會準備派遣救護隊支援東北義勇軍抗日，但因交通問題而無能成行，1933年日軍進占山海關後，中國紅十字會隨即由上海組織救護隊北上，抵達天津後便聯繫政府當局商討救護事宜。此時，政府的衛生署長劉瑞恆與中華醫學會上海地方協會代表顏福慶、協和醫學院教授林可勝等人，正在北平商議要結合各方資源來組織前方的救護隊，中國紅十字會的救護隊便於此際加入合作，後來經各方協商同意後，決議將此一聯合組成的救護組織定名為「中國紅十字會華北救護委員會」，並於2月14日在北平正式成立，以劉瑞恆為主任委員。

由於中國紅十字會的參與，當時劉瑞恆便衍生出所謂「戰時三合一」的衛生勤務構想。簡言之，「戰時三合一」就是「在戰時將衛生署、軍醫署和紅十字會三股力量結合起來，使其在組織、人事方面互相聯繫，進而將相關救護與醫療衛生等工作，一併統籌規劃乃至執行，其終極目標就是要建立起一套有效的戰時救護體系」[7]。這般「戰時三合一」的衛生勤務政策，事實上也藉由林可勝在日後救護工作的統籌運作中付諸實施。

---

[7] 張建俅（2001.12），〈抗戰時期戰地救護體系的建構及其運作—以中國紅十字會救護總隊為中心的探討〉，《中央研究院近代史研究所集刊》第36期，頁117-164。頁126。

　　早在1931年「九一八事變」之後，東北與華北地區陸續受到日本的侵迫，當時的北平協和醫學院教授林可勝即號召協和醫學院學生組成救護隊，深入戰地進行醫療救護工作。1937年「七七事變」時，在國外休假的林可勝隨即回國，除了辭去協和醫學院教職外，更帶領一批協和醫師如盧致德、張先林、汪凱熙等十餘人，應當時國民政府衛生部部長劉瑞恆的邀請，南下共謀戰時醫療救護規劃。同時在與紅十字會及各界領袖的會商時，劉瑞恆更直說華北前線緊張，緊急救護工作實有迫切需要，中日全面戰爭已不可避免，所以各地應即從速設法成立緊急救護團體，以備非常時期之來臨。

　　於是中國紅十字會旋即於1937年10月在漢口成立戰時救護委員會，但根據作戰戰區不斷擴展的形勢，爲了集中救護、醫療和醫防事業，同時組織和協調各戰區的戰地救護和醫療工作，以使能夠加強集中領導與管理，12月衛生署提出〈紅十字會總會救護事業辦法〉，而總會也接受劉瑞恆主張的「戰時三合一」政策，同意改組總會所屬救護人員並賦予其輔助軍醫部門的任務。所以中國紅十字會便將戰時救護委員會及有關救護醫療事業的人員、器材、運輸工具等，進一步改組而成立了「中國紅十字總會救護總隊」。這個救護總隊是以戰地救護爲主要任務，其戰時組織大綱第二條中即規定了救護總隊的任務之一爲「輔導陸海空軍戰時衛生勤務」。

　　中國紅十字總會救護總隊成立後，在劉瑞恆的協調下，案經中國紅十字會總會及其理事會通過，任命林可勝爲中國紅十

字會總會總幹事兼總會救護總隊隊長，並飭令擬具該總隊組織
規程及辦事細則呈核。林可勝擔任總隊長後，1938年便與劉
瑞恆在漢口號召醫護人員投入戰地救死扶傷的工作，立即響應
號召者有七百餘人，同時為配合戰爭需求，又先後在各戰區成
立了救護大隊，在大隊下亦設置若干中隊，據記載，至1944
年底，救護總隊的醫療隊共設有九個大隊，四十七個中隊，
九十四個區隊；醫護任務則分為救護隊、X光隊、防疫隊、及
環境衛生隊等，醫療隊包括外科手術隊、內科醫療隊[8]，而救
護總隊與各區救護隊之醫療的主要負責人大多是北平協和醫學
院的醫務人員。

　　由於包括北平、天津、南京、上海等諸多城市相繼淪
陷，出走淪陷區至後方的醫務人員並不多，紅十字會救護總隊
雖然擁有北平協和醫學院相當數量的醫護人員參與，但面對廣
闊的戰區和長期抗戰的準備，就必須要有足夠的醫護衛生人員
來持續地加入。為能快速且大量地培訓戰時的醫護人員，以供
給各戰地所需，林可勝便建議中央必須成立醫事訓練機構，一
方面可培養紅十字會救護總隊、所屬大隊及各中隊所需的基層
醫務人才，另一方面可收訓戰區後撤的衛生人員來施行戰時醫
防教育，同時也可收訓由各淪陷區逃來之青年學生以為軍隊醫
務所用。於是，一個屬於短期或分期醫務養成的衛生訓練教育
機構便由此而生。

---

[8] 中央研究院近代史研究所（1993），《周美玉先生訪問紀錄》，台北：中
　央研究院近代史研究所。頁45。

參、八年抗戰時期的衛訓所

　　進入抗戰時期，戰事擴大使得部隊激增，而各醫療單位亦日益增加，當時培養正規軍醫教育的軍醫學校畢業生和其他醫學院校參加軍醫工作者，人數與實際需要之數量相差甚遠，所以大部分醫療衛生工作仍賴短期訓練之軍醫充任之。另一方面，儘管紅十字總會救護總隊在抗戰時對部隊的醫療救護亦有貢獻，但其作用有侷限性，因為軍隊的醫療、衛生、防疫、救護等工作，還是要靠軍隊本身來做，但因合格醫務人才少與不合格者濫竽充數補充之結果，著實地影響傷兵的治療和軍力。為能因應戰爭之需要，徵調不合格在職軍醫或補充軍士給以短期且快速的訓練，以期可填補戰時對軍醫的急需，衛生訓練教育機構便出現了。

　　這是一所為了因應戰時需要所設置的軍醫教育訓練機構，成立於對日抗戰初期，直至抗戰結束為止，歷經多次的更名。關於該機構的名稱、成立年代和地點，可歸整如下：

年代	地點	名稱
1938	長沙	內政部「戰時衛生人員訓練所」
1939	貴州圖雲關	內政部、軍政部「內政部軍政部戰時衛生人員聯合訓練所」
1940	貴州圖雲關	軍政部「軍政部戰時衛生人員訓練所」
1943	貴州圖雲關	軍政部「軍政部戰時軍用衛生人員訓練所」
1945	貴州圖雲關	軍政部「陸軍衛生勤務訓練所」

儘管名稱更易頻仍，但此軍醫教育訓練的組成成員多與救護總隊成員相互通連，重要職務也多由救護總隊成員來支援和擔任。

1938年5月中國紅十字會總會與內政部在長沙共同辦了「戰時衛生人員訓練所」，由林可勝兼任主任，其組成人員亦是以中國紅十字會救護總隊人員爲多，主要師資也以協和師生居多，包括教務組長柳安昌、公共衛生組長馬家驥、內科組長周壽愷、外科組長張先林、護理組長周美玉、環境衛生組長過祖源、總務組長兼大隊長陳韜等等。此衛訓所主要以短期訓練爲主，視需要開辦各類班次，不過大致上可區分爲衛生勤務與醫事技術兩大類。

11月長沙發生大火，紅十字會救護總隊和衛訓所遷至湖南祁陽椒山坪，不久再遷往桂林，途中有車乘車，無車則徒步，整隊隊伍總共約有數百人之多。因戰事所迫，1939年衛訓所再從桂林遷到貴陽圖雲關，同時配合著戰事所需而擴大編制，改屬內政部及軍政部，名稱也改爲「內政部軍政部戰時衛生人員聯合訓練所」，其任務除原來諸項外，亦調訓軍中沒有正式學資歷的軍醫官員兵，其訓練分爲甲乙丙丁四個班次：甲班調訓軍中校級軍醫，課程注重軍陣內外科及衛生勤務；乙班調訓尉級軍醫，課程注重護病學、衛生環境學；丙班調訓衛生軍士，丁班調訓衛生兵，課程注重急救、擔架及衛生勤務。

圖雲關地處荒山，交通不便，初遷時醫療設備也不足，隨

隊遷來的周美玉即對當時情景有這樣的回憶：[9]

在貴陽時，一些金屬醫療用具皆係就地取材，譬如便盆即利用空的不要的五加崙煤油桶斜著剪開成差不多大小的三角形，放在自製的木架上。因為有些病人水腫，怕木架承受不了重量，我們就先請榮獨山大夫試試看，他體重有兩百多磅，坐上去木架不垮，病人應該也沒問題。

沒有鑷子，就用竹筷子，剪短一些，消毒也很方便。病人睡在床上喝東西，沒吸管，玻璃用品和金屬用品同樣缺乏。大家商量買毛筆，筆管一頭接橡皮管，可以彎，塞入病人口中。另外繃帶也很缺乏，經常一個通知，說有一車四十位傷兵要來換藥，只能停留二十分鐘。於是全體立刻動員，利用自製木架，把捐來的布切成繃帶。學生也幫忙疊紗布。消毒紗布用蒸鍋來不及，就用別人贈送的壓力鍋。藥換好了，把一批傷兵趕緊送走，才鬆一口氣，這種情況經常發生。

事實上，圖雲關原多為草萊未闢之荒地，但也因其交通不便和僻處後方，日軍亦不易攻擊，當多達二千餘人的衛訓所和紅十字會救護總隊進駐後，地方隨之占滿，醫院、房舍與建築林立。由於駐進居民多為中高級知識分子，此地的生活條件也非常艱苦，像是房屋屋頂用茅草覆蓋、牆壁用竹子與泥巴糊成、

---

9 中央研究院近代史研究所（1993），《周美玉先生訪問紀錄》，台北：中央研究院近代史研究所。頁60-61。

桐油紙當玻璃用等等，雖然沒有過去的生活條件，但同甘共難卻也讓大家甘之如飴，於是有「圖雲關精神」之勉[10]。

　　為配合戰時需求，衛訓所於1940年直屬軍政部而改隸為軍事機關，再度更名為「軍政部戰時衛生人員訓練所」，由林可勝兼任主任，盧致德兼副主任。1943年編制又擴大，衛訓所改稱「軍政部戰時軍用衛生人員訓練所」，原教育訓練分甲乙丙丁四個班次亦改為專辦甲乙兩個班次，並增設衛勤集中訓練班，所主任仍為林可勝，副主任改為張先林並兼任教育處處長。這樣的名稱，直到1945年抗戰勝利在望時才又改為「陸軍衛生勤務訓練所」，但此時的衛訓所主任已經轉由盧致德擔任。

　　配合戰區擴大的軍隊醫務需求，衛訓所先後成立五個分所及一個昆明訓練所，第一分所設在陝西褒城，由陳韜為主任；第二分所設在江西戈陽，由何鳴九為主任；第三分所設在湖北均縣，由馬家驥為主任；第四分所設在四川黔江，由彭達謀為主任；第五分所設在湖南東安，由林竟成為主任；而昆明訓練所成立之初期係設在印度蘭姆伽為駐印訓練班。各分所多與紅十字會救護總隊之大隊同駐一地，以利師資和資源交相協助利用，而這些分所及訓練所在戰後均併回衛訓所而遷回上海。

　　由於抗戰時期所需龐大的軍隊醫務人員，衛訓所開始招收高中程度學生施行短期醫事技術訓練，每期招收四、五十至

---

[10] 國防醫學院院史編輯委員會（1995），《國防醫學院院史》，台北：國防醫學院。頁99。

近百人學生，免費提供食宿，對他們施予一年簡單的訓練，包括學習衛生勤務、軍事知識、醫護知識等課程，待結業後分發各軍事機構任醫護佐理員。然而在戰事持續激烈和軍民日益傷亡慘重下，鑑於軍醫學校編制設備之種種限制而無法短期間供給大量衛生人員，衛訓所便擔負起軍中現職無正式學資之軍醫官訓練，於是又陸續開辦訓練官員和士兵等各級各類班次，概括包括衛生員班、醫護員班、檢驗員班、放射技術員班、醫護佐理員班、護產訓練班、環境衛生佐理員班、知識青年軍醫訓練班、軍用衛生人員衛勤訓練班、防疫訓練班、初級護士訓練班、高級護理訓練班等等共近三十幾個班。後來又開辦初中畢業入學的養成教育，設高護職業班（屬高職教育）、軍醫分期教育班（屬專科教育）等。

此外，為能因應戰爭的特殊情況，衛訓所也成立了衛生裝備研究製造所、傷殘矯形中心以及汽車教導隊。衛生裝備研究製造所的成立係為醫療器械物資缺乏與購買無門之因應，以自行製造、研發、修理來供醫療及教學所需；傷殘矯形中心的成立是因應抗戰之傷殘官兵日益增多，亟需矯治、復健或義肢裝配等所需；而汽車教導隊則因國外捐贈車輛為數眾多，救護和運送傷患需求量大，以致需要培訓駕駛及修護技術人員[11]。

抗戰時期衛訓所造就軍醫多達一萬五千人，並使貴陽成為

---

[11] 國防醫學院院史編輯委員會（1995），《國防醫學院院史》，台北：國防醫學院。頁102。

當時中國境內最大的醫療中心，其貢獻之巨或可如美國醫藥援華會（ABMAC）主席史萊特（Dr. Donald D. Van Slyko）評道：[12]

　　自上海淪陷後，林先生所組成的中國紅十字會，為中國軍隊提供了幾乎所有的醫療服務。直至戰局穩定後，林博士再度改善中國軍隊的衛生勤務，如果無此項衛生改革，我將懷疑中國軍隊是否能繼續維持其戰力。

由此觀之，當時在貴陽的衛訓所短短幾年培育的衛生人員，應可視為是抗日戰場上不可或缺的醫療服務主力。

　　1943年夏鑑於種種因素，林可勝不得不辭去紅十字總會救護總隊隊長和總會總幹事的職務，在張建俅的〈抗戰時期戰地救護體系的建構及其運作—以中國紅十字會救護總隊為中心的探討〉一文中，認為是林可勝與紅十字會總會不睦所致，因為他常以政府立場來挑戰紅十字會作為民間組織之基本價值，所以得罪人甚多[13]。而在劉士永和郭世清之〈林可勝（1897-1969）：闇聲晦影的中研院院士與國防醫學院院長〉一文裡，有提到林可勝因供應給共軍許多衛材並派十個救護隊

---

[12] 本社（1976.11.24），〈林可勝博士〉。《源遠》第二期，頁10-14。頁11。

[13] 張建俅（2001.12），〈抗戰時期戰地救護體系的建構及其運作—以中國紅十字會救護總隊為中心的探討〉，《中央研究院近代史研究所集刊》第36期，頁117-164。頁160-162。

去協助，而招致蔣中正的質疑[14]。關於這兩個令林可勝去職的因素，曾在衛訓所任職的楊文達即辯解說：[15]

外頭不了解林先生，我是他的學生，跟他談過幾次話，知道外頭對他的幾次誤會。第一次是有人向蔣先生告他偏重八路軍的衛材供應，說他支持毛澤東，送毛十個救護隊，老先生因此調他來質問，林先生說他共組織了一百四十餘救護隊，其中派十隊給毛澤東，於是老先生點點頭。第二次誤會是因為他在救護總隊中做得轟轟烈烈，龐某在紅十字會中力量根深蒂固，因此對林可勝先生甚為嫉妒，老先生也因此懷疑他，不明白為什麼別人反對他，所以派戴笠暗中監視。戴笠知道林可勝是個愛國的人，遂向陳誠說明實情。

林可勝去職後，仍以衛訓所主任的身分繼續投注於中國駐印軍抗日的救護活動，同年，林可勝又辭去衛訓所主任，改由嚴智鍾代理主任，到了1944年，陳誠擔任了軍政部長，並請林可勝出任軍醫署長，而盧致德則繼任衛訓所主任，並以柳安昌為教務處長。盧致德為北平協和醫學院畢業，早期由同屬協和系統的劉瑞恆羅致到軍醫監理委員會，後來歷任了軍醫處長、衛

---

[14] 劉士永、郭世清（2012），〈林可勝（1897-1969）：闇聲晦影的中研院院士與國防醫學院院長〉，《台灣史研究》第19卷第4期，145-205。頁168-172。

[15] 中央研究院近代史研究所（1991），《楊文達先生訪問紀錄》，台北：中央研究院近代史研究所。頁96。

生處長、軍政部軍醫署署長等職。而林可勝爲盧致德在協和醫學院時的老師，衛訓所亦是軍醫署之下屬機構，所以盧致德的繼任係呈現出衛訓所在抗戰末期的重要性所在。軍醫分期教育班即是他任軍醫署長兼任衛訓所副主任時於1943年所開辦，分三階段教育，也就是先在衛訓所教育兩年，之後分發到部隊見習一年，再回衛訓練完成教育，隨即取得醫專資格；而高級護理職業班也是在這時期設立。

　　1945年8月日本投降，抗戰結束，國民政府還都南京並下令復員，1946年衛訓所奉令復員上海江灣，1947年6月1日與從安順復員的軍醫學校合併，改組爲國防醫學院。綜觀衛訓所的發展歷史，其各階段主任和任期可製表如下：

單位名稱	主任	駐地	任期
戰時衛生人員訓練所	林可勝	長沙	1938年~1939年
內政部軍政部戰時衛生人員聯合訓練所	林可勝	長沙、邵陽貴州圖雲關	1940年
軍政部戰時衛生人員訓練所	林可勝	貴州圖雲關	1940年~1944年
陸軍衛生勤務訓練所	盧致德	貴州圖雲關上海江灣	1944年~1947年

第四章

國防醫學院的開啓與紛擾

壹、紛紛擾擾的復原過程

　　1945年8月15日，日本宣布無條件投降，八年艱苦抗戰終於結束。在百廢待興之際，軍醫署有感於戰時包括衛生人員、衛生器材物資及衛生技術等等的軍醫設施，都不足以肆應國家於國防建軍上的需求。因此戰後為能夠培養國防所需的師資與專技人員，便必須要規劃一套發展軍醫的計畫教育，於是1945年年底在上海召開軍醫會議時，即贊成軍醫署所提出擬以整合現有軍醫教育訓練機構，合併改組為一個「醫學中心」。

　　這個「醫學中心」計畫經1946年1月奉國民政府主席蔣中正批准後，隨即2月行政院便奉令將上海市中心區各日軍醫院房屋撥歸使用。而這個中心的整體規劃也於此時在軍醫教育會議中詳加討論，會議參與者包括了陸軍衛生勤務訓練所、軍醫學校及有關機關主管，會議結果將此議定案呈報軍政部核備（軍政部後來改組為國防部）。1946年11月國防部以「原則照准」的指令，命軍醫署將所有軍醫教育單位整併成一個中心機構。

　　軍醫學校先將第一分校和第二分校併回本校然後復員上海，陸軍衛生勤務訓練所亦同時遷回上海，而中國紅十字會救護總隊已於1946年解散，其醫療護理人員亦納入新機構的整合編制。事實上，這新的醫學中心機構在整併時並非符合眾

議，而是當時的軍醫署長林可勝一意地主導而成，並獲得參謀總長陳誠的支持，軍醫學校則反彈聲浪大，廣東地區的一些將軍也反對合併。軍醫學校不願合併的理由當然很明顯，除了認為陸軍衛生勤務訓練所不是一個正統的軍醫教育機構外，戰後英美派軍醫勢力的高漲亦是重要因素，這將使得新機構裡的德日派軍醫學校弱化。

　　張建的女兒張麗安針對兩機構合併的結果，有著這般忿忿不平的說明：[1]

　　一位熟悉政府組織規程的朋友曾向我分析過，軍醫學校是一個建制單位，就是說不論是平時或是戰時都存在的永久單位；衛訓所則是應作戰需要而成立的臨時單位，所以稱為「戰時衛生人員訓練所」。這種單位一旦戰爭結束，即須撤銷解散，可是抗戰勝利後，此機構不但不撤銷，還將它與軍醫學校合併成立為「國防醫學院」，這已本末倒置了；合併後，還以衛訓所人員為主軸來當家作主，後竟排斥軍醫學校人員，這完全是人際關係所形成的一種反常現象。

　　儘管如此，1947年1月兩校及其相關機構還是被合併改組為「國防醫學中心」，英文名稱為「National Defense Medical Center」，但鑑於「中心」概念在當時尚未通行，所以中

---

[1] 張麗安（2000），《張建與軍醫學校》，香港：天地圖書有限公司。頁417。

文名稱便定名爲「國防醫學院」[2]。針對「國防醫學院」這個新校名亦有一段故事，底下是劉海波的說法：[3]

關於母校所已有今日校名，曾親聞故陳立楷將軍談及英文名稱National Defence Medical Center，簡稱N.D.M.C.是當年軍醫署長兼院長林可勝中將所定，因其久居國外，不懂中文，又不能以國語與人交談，陳公身爲首席副署長，受命研決中文名稱，當時計有「國防醫學中心」、「軍醫教育學院」及「國防醫學院」等多種提案，意見十分分歧。後經聯勤總司令郭懺上將裁決，才確定今日校名。

而周美玉則回憶說「國防醫學院」名稱是最後用投票決定出來的，甚至國防醫學院的校慶仍然沿用軍醫學校的11月24日，也是投票決定的[4]。

不管校名是如何地決定，「國防醫學院」畢竟還是成立了，改組後的國防醫學院院長由軍醫署署長林可勝兼任，下設二名副院長，即分別由原軍醫學校教育長張建和衛訓所主任盧致德擔任。然而，軍醫學校的多數師資並不願意隨行復原上海，而衛訓所卻是進駐了相當多的師資，且大多都擔任國防醫學院

---

[2] 鄔翔（2004），《耄年雜記》第二集，台北：作者自印。頁133-134。

[3] 劉海波（2001），〈心懷感恩話當年：國防醫學院中文校名由來〉。《源遠季刊》創刊號，頁42-43。頁43。

[4] 中央研究院近代史研究所（1993），《周美玉先生訪問紀錄》，台北：中央研究院近代史研究所。頁77-78。

的主管位階，如外科主任張先林、內科主任周壽愷、教務部主任柳安昌、藥理學教授李鉅、生化學主任李冠華、預防醫學系主任薛蔭奎、細菌血清學系主任林飛卿、社會醫學系主任馬家驥、泌尿科主任馬永江、婦產科主任熊榮超、放射科主任榮獨山、護理科主任周美玉、小兒科教授聶重恩、牙科主任黃子濂等等，這些主管及其教官師資也多與協和醫學院有所關聯。

　　1947年6月1日國防醫學院正式成立，雖然合併過程是衛訓所占了上風，但學院成立後的各教育班次仍沿襲軍醫學校期別來銜接編排，如1947年畢業班為醫科第三十九期、牙科第二期、藥科第二十九期、高護職業班第一期，藥劑職業班第一期與第二期，8月招收新生為：醫科第四十八期、牙科第七期、藥科第三十五期、護理科第一期，分別由上海、廣州、武漢、西安四個考區招考，上海考區並招考各職業班[5]。此外，學院也整合了軍醫學校和衛訓所的教育規模，即軍醫學校原本就設有醫科、牙科、藥科，及一護理訓練所，無護理科，而陸軍衛生勤務訓練所則設有牙科、藥科，當國防醫學院成立之後，便分成了醫科、牙科、藥科、護理科、衛生工程、衛生勤務、衛生行政、環境衛生等八科，其中之醫科、牙科、藥科、護理科係屬於長期教育的正規科。

　　國防醫學院校址設於上海江灣。江灣地區遼闊，東臨黃浦

---

5 鄔翔（2001），〈建校百年說從頭〉。《源遠季刊》創刊號，頁60-79。頁69。

江，虬碼頭和楊樹浦碼頭均在近處，內設有江灣機場，而淞滬鐵路又貫穿其中，因此交通可稱四通八達，日軍占領時即以江灣為戰略要地，軍營區與軍醫機構多設在這裡。戰後行政院便批准日軍在此地區所設置的醫院及醫務有關之營舍，撥給國防醫學院使用，總面積多達一百五十萬平方英尺，然而使用的土地面積雖多，但卻非集中在一起，而是散置於江灣多處，基本上都座落於市內的魏德邁路以至翔殷路的兩旁。

由於是整合現有軍醫教育訓練機構的規劃，故改組後的國防醫學院編制相當龐大，全院的編制官兵及學生員共計八千一百九十四人，院長編階中將，兩位副院長也是中將，辦公室主任編階少將，而學院下轄的教務與行政兩部主任亦皆少將。雖然擁有如此大規模的編制，但因為經歷多年戰爭後人心思歸，加上戰後的時局亦多動盪，以致兩個合併機構中皆有許多人不願復員上海或續留國防醫學院，所以實際上懸缺非常多。但就戰後的中國醫學界來看，國防醫學院的成立係代表著軍醫教育體系的集中與整合，屬於國防規劃的重點工作而具有相當大的新聞報導價值，像是1947年當時的「西南醫學雜誌」即有如下圖之篇幅報導[6]：

---

[6] 本圖為劉士永提供，《西南醫學雜誌》，1947年第5卷第3期。

軍醫學校改組為

國防醫學院

林可勝任院長

張建虛致德分任副院長

（本市消息）軍醫學校機構經進化軍醫組織外，一律改訂為國防醫學院，武裝待衛及行政之綜合性軍醫教育。該院設於上海，其訓練方式，其分下列三種進行：（一）相考學生，培植幹部。（二）訓練部隊中原有軍人之不足之人員，以提為其素質。（三）全國各大專醫學院專科之畢業生，均須入院受訓，以續國家需要之衛生幹部。此項計劃方案，業經國防部核准，林可勝業已接知軍醫教育長張建虛，電文如下：「軍醫學校經教育長勘察，一項奉聯合勤務總司令部本年四月四日午文字第一一六八號八日日令會同……

本期目錄

| 開展吾人之內科治療研究報告……楊海鑄（五） |
| 流行性感冒……郁象伯譯（九） |
| 淋病雙球菌腦膜炎雙球菌之抗鍊……江森澤（十二） |
| 國產藥物之文獻研究……余雲岫（十七） |
| 慢性性……徐冠林（廿一） |
| 凍冷麻醉法在臨床上之應用……（廿二） |
| 鏈黴菌治療後之耳併發症江先覺譯（廿七） |
| 最新實用相溫學……陳德馨（卅七） |
| 歐美保健制度比較……郁維譯（用二） |
| ●醫海趣話 |
| ●醫事消息 |

貳、軍醫教育的新規劃

國防醫學院的設立係為配合戰後發展與培育衛生人員之計畫目標，以期在最短時間內得以提供全國所需數量的衛生人員，並使之邁入現代國家之列為目的。依據1946年軍醫署業務報告中指出，抗戰結束之後，軍隊衛生人員非常缺乏，探其原因大概有三個面向：[7]

---

[7] 國防醫學院院史編輯委員會（1995），《國防醫學院院史》，台北：國防醫學院。頁176。

1. **停止徵調**：所有徵調人員，除少數因事尚未報到，繼續徵用外，大部人員，均因徵調服務期滿，即將退職。

2. **愛國情緒低落**：參加抗戰之衛生人員，多欲功成身退，愛國情緒，日漸低落。

3. **待遇微薄**：軍醫及其有關之衛生人員，前蒙最高領袖面允，提高待遇，與文官相當，雖未發表明令，惟與開業醫師比較，其所得有一百倍於軍醫者，則又不能同日而語，故多數軍醫無法強留。說者以為大部技術人員，何以尚在國防軍服務不去，是否學術膚淺，不足與一般技術人員，相提並論，濫竽充數乎？此說也，不可完全否認，謂為毫無理由。

其中關於衛生人員素質不佳的狀況，報告中認為是因多數正式軍醫大都畢業於檢驗設備及臨床工作等不甚完善的學校，所以其具體的醫學基礎並不健全，程度幾乎是與非正式醫師差不多。因此為能補救這些不利狀況，即必須發展一套合適的教育計畫來增加人數與提升程度，而國防醫學院的設立便是為解決這般迫切需求而來。

所以在這篇軍醫署業務報告中，即指出國防醫學院的任務是遵照國防參謀本部整軍建軍之決策，為改善軍醫素質，提高軍醫效率，以配合國防軍事建設，從而執行「訓練衛生人員」、「組織衛生單位」和「研究與發展」之三任務。就教育班次的實施來說，各衛生官兵可依其教育水準，暫分為六級，

如下附表：[8]

官兵級別	訓練期限	教育水準比照
1. 衛生士兵	四個月	初級教育小學
2. 技術軍士	六個月（至少）	中級教育初中
3. 技術准尉	九個月（至少）	中級教育初中
4. 專科及職業教育類官長	四至六年	中級（高中教育或高職）
5. 大學教育類官長	四至六年	大學養成教育
6. 特科進修類官長	三至四年	大學進修

　　另就業務方面來說，依其技術範圍可暫分為九個學科，即1.醫學科，2.牙醫學科，3.護理學科，4.藥學科，5.衛生工程學科，6.衛生檢驗學科，7.衛生裝備學科，8.衛生行政學科，9.衛生勤務學科。

　　這份1946年軍醫署業務報告，反映出國防醫學院之教育養成的最初規劃構想，但若是深一層看，更是衛訓所教育模式的擴大版本，無怪乎張建俅會直接的這樣說：[9]

　　由國防醫學院成立的原始計畫更可以清楚的發現，該院的成立其實根本是承襲了衛生人員訓練所乃至救護總隊的精神。例如訓練儲備大量的衛生人員，組織並訓練各種衛生單位，使其具充

---

[8] 本表歸整摘自「民國三十五年軍醫署業務報告」。國防醫學院院史編輯委員會（1995），《國防醫學院院史》，台北：國防醫學院。頁184-185。

[9] 張建俅（2001.12），〈抗戰時期戰地救護體系的建構及其運作—以中國紅十字會救護總隊為中心的探討〉，《中央研究院近代史研究所集刊》第36期，頁117-164。頁162。

分的作業能力等等。而其所預備開設的各種教育班次,與原衛生人員訓練所多有雷同,只不過分科更為精細。故由上可知,救護總隊與戰地救護體系的理念,在戰後為國防醫學院所吸收沿襲,許多人事也多有重疊,所以國防醫學院可以說是救護總隊與戰地救護體系的繼承者。

亦即,儘管國防醫學院仍接續了軍醫學校的教育各科期別辦理,校慶也採用了軍醫學校的11月24日,但是教育模式已經融合了軍醫學校和衛訓所兩機構的教育計畫,甚至是採以衛訓所為主體的教育規畫和人事安排。

1947年軍醫學校與衛訓所正式合併為「國防醫學院」,由畢業於英國愛丁堡大學的華僑林可勝任院長,張建和盧致德任副院長。依盧致德所寫〈國防醫學教育之理論與實施〉一文中所述,國防醫學的使命係在培養「衛生人員」、提供「衛生器材物資」及發展「衛生技術」等的獲致與生產之統籌,其教育對象按過去經驗衛生事業之推進,須包括八類人員的教育養成,即醫師、牙醫、護士、藥劑師、衛生工程、衛生裝備、衛生檢驗、衛生行政,而對培養所需人員之等級,依教育水準又可分為六級,即進修教育、大學教育、專科教育(高中程度)、初中教育、高小教育、初小教育等,按階級區隔則分別為將、校、尉、技術准尉、軍士、列兵等六級[10]。這就是所謂

---

[10] 盧致德(1995)〈國防醫學教育之理論與實施〉,收錄於國防醫學院院史編輯委員會(1995),《國防醫學院院史》,台北:國防醫學院。頁

過去國防醫學院的「八類六級」教育，而培養這八類的八個學科也與1946年軍醫署業務報告中的九個學科，有些許的差別。

又依該文所指，國防醫學院的組織編制，除了教學單位外，並設有衛生實驗院、衛生裝備試驗所、博覽館、圖書館等研究發展機構。另外尚有配屬擔任野戰衛生勤務示範之衛生大隊（衛生營）一個，為實習用之總醫院一所，為養成衛材供應人員實習用之衛材總庫一所。在教育類別和修業年限方面，可簡列表述下：[11]

教育類別			班次與修業年限	
特科進修				修業三年
養成教育	大學教育	高中畢業	醫科、牙科	修業六年
			護理科、藥科	修業四年
	專科與職業教育	初中畢業	醫學專科	修業六年
			護理、營養、理療、牙醫、牙藝、藥劑、衛生工程、衛生裝備、衛生檢驗、衛生行政、衛生供應等	修業四年
醫事技術訓練	軍士		醫、護、衛生檢驗、機工駕駛、文書、炊事等	修業六個月
	佐理員（技術准尉）		理療、牙醫、牙藝、醫、護、調劑、衛生環境、衛生檢驗、衛生裝備、光學、義肢裝備、公用事業、衛生行政、衛生供應等	修業九個月

128-133。

[11] 本表歸整自盧致德〈國防醫學教育之理論與實施〉的「實施計畫」部分內容。國防醫學院院史編輯委員會（1995），《國防醫學院院史》，台北：國防醫學院。頁131。

　　綜上觀之，改組後的國防醫學院，係承先了軍醫學校和衛訓所的教育規模而來，因此除了延續軍醫學校各期班教育之外，也開辦了各種職業班，同時也仿照美國軍醫教育的「初級班」與「高級班」之職前訓練模式來授予軍醫人員基本訓練，在高職方面亦延續衛訓所的護理職業班而續招新生。

　　值得一提的是合併初期藥科停招的危機事件，當時林可勝有意廢除藥科，認為將之改為各醫事技術科的一部分課程即可，他曾說過美國藥又好又便宜，買來用就行了，中國自己根本不必辦製藥工業，不必培養製藥人才，配方工作則讓護士去做就可以了；此等停辦藥科的規劃引起了一場學校的罷課風潮，但也由於學生的激進抗議活動，學校也就不再堅持廢除藥科，而罷課風潮才得順利落幕。針對林可勝提議廢除藥科一案，張麗安認為是有原因的，她說：[12]

　　林院長當時有這種想法與主張，不是沒有原因的。當時二次世界大戰剛結束，英美兩國因大戰帶來的禍害使全民經濟蕭條，此刻兩國的經濟急需迅速恢復，而戰後的中國是藥物消費最適合及最龐大的市場，加上（一）林可勝受英美影響很大，與（二）國民政府急切依賴英美（特別是美國）兩國政府的支持。在這兩個條件和各種有形無形的壓力與影響之下，林可勝有這種想法是可理解的。

---

[12] 張麗安（2000），《張建與軍醫學校》，香港：天地圖書有限公司。頁421-422。

　　儘管有種種質疑性的推想，但林可勝對此事件始終沒有正式回應，雖然事過境遷，廢除藥科事件在當時的藥科學生身上已經造成難以平復的陰影。譬如一位當時的藥科學生方升坤日後於1960年到美國印第安納州訪問藥廠時，巧遇了林可勝並同桌喝咖啡，旋即就問起了當年國防醫學院爲什麼要取消藥科，「不料他立露慍色，表示這是時勢使然」[13]，隨後因兩個人話不投機，林可勝便離座而去。即使有這些後續影響，然而停辦藥科事件早已告落幕，學校的藥科教育計畫也持續地進行。

　　因此，以醫學中心爲規模的國防醫學院，不但擁有腹地廣闊的上海江灣地區，全院編制官兵及學生員更高達八千一百九十四人，院內組織規模也非常龐大，這可以從下附的「國防醫學院組織系統表」[14]中看出。

　　然而在學院尚未整備完成之際，國內時局從不安到丕變，不但使一些新興的教育措施停頓，更要被迫遷離這理想的建校地區。1949年學院遷到了台北水源地，雖然組織形態不變，但由於可使用的院地狹小，編制人員大爲縮減，再加上政府經費短絀，國防醫學院似乎也陷入了一個發展困境中。

---

[13] 方升坤（2010.8.31），〈國防醫學院與協和情結〉。出處：世界新聞網—北美華文新聞（連載五段）。http://www.worldjournal.com/view/full_lit/9309398。

[14] 國防醫學院院史編輯委員會（1995），《國防醫學院院史》，台北：國防醫學院。頁135。

國防醫學院組織系統表

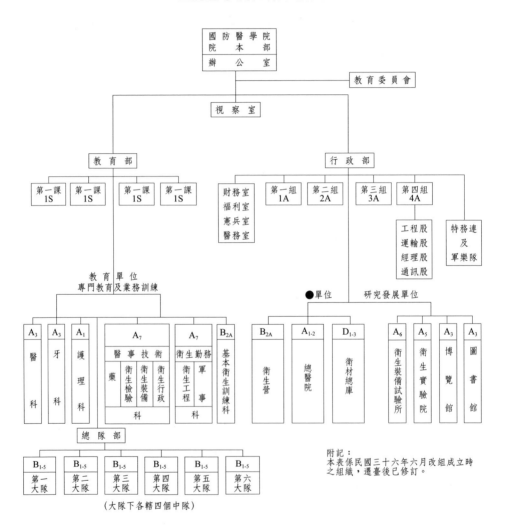

附記：
本表係民國三十六年六月改組成立時之組織，遷臺後已修訂。

（大隊下各轄四個中隊）

參、軍醫系統中的德日派與英美派

改組後的國防醫學院，由林可勝擔任學院首任院長。早在抗戰時期，林可勝即發動參與紅十字會救護總隊並成立衛訓

所，深入各戰區協助救護工作，同時以華僑身分發動海外僑胞
返國參加抗戰，並以其關係極力地向國外募捐，獲得大量醫藥
器材與車輛，對抗戰助益相當大，因此戰後便被政府委以衛生
教育規劃之重任。事實上，張麗安在其所著《張建與軍醫學
校》一書中，亦曾說道：[15]

　　林可勝先生是一個愛國華僑，受教育於國外，為英國愛丁堡
大學哲學與科學博士，曾在北平協和醫學院擔任教授及系主任多
年。在抗戰期間，曾在紅十字會救護總隊及衛生人員訓練所擔任
重要工作，並曾極力向國外募捐，獲大量醫療器材與醫療物資，
對抗戰勝利貢獻甚大。也由於林可勝與英美的關係密切，國民政
府極需英美兩國的大量物資支援，因而特別委以重任，1944年即
調任軍政部軍醫署副署長，越年升任署長，勝利後即兼任國防醫
學院院長。

　　其實，自列強勢力進入中國以來，醫學發展方面即存有
德日派和英美派之間的差異，而軍醫學校雖以德日派為主體，
但因戰時師資難尋關係，亦能納入英美派教師，但是衛訓所始
終皆以協和體系的英美派為主體，因此當兩教育訓練機構合併
之後，德日派和英美派之主從爭議問題便浮上檯面。像是屬於
「軍醫幫」的方升坤就曾說過在對日抗戰時，林可勝憑著在英

---

[15] 張麗安（2000），《張建與軍醫學校》，香港：天地圖書有限公司。頁
　　416-417。

美受教的背景與留學德國的張建分庭抗禮，同時帶領了一批協和醫學院的學生進入軍醫界，竭力排斥陸軍軍醫學校的畢業生，而抗戰勝利後，「『協和幫』到了上海，將陸軍軍醫學校改組爲『國防醫學院』，據了解，這完全是出之於他們爭權及排擠張建教育長的人事傾軋，此舉多年來一直都有爭論。」[16]

由於林可勝院長和盧致德副院長都屬於英美派，軍醫學校有多位德日派師資未隨校復員，學院的兩派衝突益加明顯，甚至針對合併改組之名稱及員額都頗有爭議，而必須經國防部長陳誠親臨調解才止息爭議，然而陳誠曾經因胃疾接受英美派張先林醫師施行手術成功，因此早對其存有信任之心。針對陳誠在處理這兩派衝突的過程，當時親身經歷的主任教官、住院醫師、在學學生等，紛紛有下列的回憶。

當時任護理學科主任教官的周美玉，在日後有著這樣的回憶：[17]

我記得有一次陳誠先生來演講，大意是說：「你們誰要打倒林可勝先生，先得打倒我，打不倒我，就打不倒林先生。我們覺得林先生是一個人才，他不但在醫學方面有紮實的根抵、並且

---

[16] 方升坤（2010.8.31），〈國防醫學院與協和情結〉。出處：世界新聞網—北美華文新聞（連載五段）。http://www.worldjournal.com/view/full_lit/9309398。

[17] 中央研究院近代史研究所（1993），《周美玉先生訪問紀錄》，台北：中央研究院近代史研究所。頁77。

非常愛國。在他的號召之下，必能請到優秀的教學人員及工作人員，共同發展軍醫制度。」陳參謀總長贏得最後勝利，兩校終於合併。

當時為住院醫師的劉海波，也回憶說：[18]

母校在上海改組，以及撤遷來台時節，正逢本人在上海總醫院實習與第一年住院醫師階段，親眼目睹一切經過，應把實情補充如下：軍醫學校與衛訓所合併改名國防醫學院，由林可勝博士擔任首任院長，完全是當年軍政部長陳誠將軍一手策劃與主導，其間雖有抗拒小插曲，但為陳部長以軍威方式迅速平息。改組後的國防醫學院，教學方式與制度顯然不同，經費與設備亦增加很多，尤其是師資大大充實，各科系主任幾乎全為協和與湘雅醫學院教授擔任，聲譽因此遠播海內外。

蔡作雍亦回憶其學生時代所看到的當時場景：[19]

醫學中心是一十分龐大的計畫，可能就因為言語隔閡，事先沒有充分和軍醫學校系統作良好的溝通，以至在上海成立國防醫學中心時，軍醫學校學生反彈，發生學潮。作者是抗戰勝利後，

---

[18] 劉海波（2001），〈心懷感恩話當年：國防醫學院中文校名由來〉。《源遠季刊》創刊號，頁42-43。頁43。

[19] 蔡作雍（2001），〈邁入百歲，開展更燦爛的前程〉。《源遠季刊》創刊號，頁14-15。頁14。

於1946年在廣州考區考取的軍醫學校最後一期學生，在江灣入伍（新生）時曾親眼看過這些亂象，最後還勞動當時的軍政部長陳誠來校對全體人員訓話一番。

在韓紹華先生訪談錄中，他就對當時的情況有這樣的回憶：[20]

國防醫學院是軍事學校，新生必須先受三個月的入伍訓練，⋯⋯⋯。陳總長來訓話，我們也去了，被大罵一頓，罵得莫名其妙，後來才知道協和派與軍醫派有誤會。陳總長剛在上海總醫院開過胃，對外科主任張先林很感激，張主任是協和的，因此他支持協和派的林可勝院長與盧致德副院長。

職是之故，國防醫學院朝向英美派教育發展似已成定局，這當然也可從學院的第一外語被定爲英語時即可看出。

針對德日派和英美派的本位立場，張麗安也有如下非常直接地陳述，她說：[21]

國內醫學界長久以來就分成兩大派，即是英美派和德日派，換

---

[20] 喻蓉蓉訪問（2004），《台灣免疫學拓荒者：韓紹華先生訪談錄》，台北：國史館。頁48。

[21] 張麗安（2000），《張建與軍醫學校》，香港：天地圖書有限公司。頁416。

句話說，某個醫學院或醫院的領導人是英美派的，其手下所用的教師或醫療人員大多數是英美派或從英美派醫校畢業的，如協和醫學院、湘雅醫學院、華西大學醫學院及上海醫學院等皆是。德日派的醫學院亦是如此，屬德日派醫學院的大學有北平大學、上海同濟大學、廣東中山大學等。軍醫學校在父親接任以前，即劉瑞恆主持校政時，是屬於英美派。當時軍醫學校所有教師皆是英美派的，而其中大部分人員是由協和醫學院畢業的。……抗戰勝利後，英美派大出風頭，因為英、美兩國是「盟國」，對中國有很大的幫助與恩惠，林可勝是英美派的核心人物，與英、美的關係很深，衛訓所的盧致德等人也是協和醫學院出身的英美派人物，因此改組後的國防醫學院，當然是英美派當權，很自然的，行政主管與教學人員大多數以安插屬於英美派的「自己人」為主。

在這過程中，張建是相當受創的，張麗安也在《張建與軍醫學校》一書序言中寫出「軍醫學校改組為國防醫學院時，父親的被排擠與被孤立所受的打擊」[22]這樣的字眼。由此可見，當日後林可勝指派張建到國外考察一案，張建也樂於接受，更或許因此也與張建回國後，不願回任國防醫學院而順勢受邀任廣東省教育廳長之狀況有關吧！甚至來台後，張建更選擇全家隱居新竹小鎮自行開業而樂於當一介平民。

---

[22] 張麗安（2000），《張建與軍醫學校》，香港：天地圖書有限公司。頁21。

肆、遷向下一個停靠站

　　1948年，林可勝基於需明瞭戰後他國醫學教育之復原與發展之趨勢，以作為我國重建軍醫教育之參考，遂派張建赴歐美各地考察，並搜集資料以藉作借鏡。1949年國共內戰激烈，戡亂戰事節節失利，國防醫學院已作遷移之打算，而張建考察返國後並未歸校復任，而是以外職停役並應召就任廣東省政府委員兼教育廳廳長。而國防醫學院雖由林可勝擔任院長，然因他身兼數職且不識中文，故院務常由盧致德負責，以致遷校計畫便落在他身上了。然而林可勝深得陳誠的信賴，加上陳誠於1949年時受任為台灣省主席，在其協助之下，新的學校停靠站得以順利解決，這就如楊文達所說：「在廣州等待時，林可勝先生一直往返於南京、上海、台北間。三個月後，他由台北打來電報，說已經選好水源地當國防醫學院院址。」[23]

　　學院原擬分兩處遷移，院部設於台北並作為基礎教育之重心，而部分遷移廣州作為後期分發實習之教育。在遷台方面，上海港口司令部指派一艘「安達輪」，負責分三批運送學院人員家眷和器材物資，第一批於2月16日抵台，第二批於3月16日抵台，而第三批則於5月4日抵台，全部安全到達台北水源地新院址。而遷移廣州方面，則因時局日非、戰時緊崩而放

---

[23] 中央研究院近代史研究所（1991），《楊文達先生訪問紀錄》，台北：中央研究院近代史研究所。頁49。

棄，負責設營人員紛紛自行赴台歸建。

　　國防醫學院遷台後分配到占地二甲餘的台北水源地營舍，此營舍原為日治時期之日本砲兵聯隊的營房，光復後曾被作為台灣省訓練團團址。由於來台人員減少及新院址之侷限，雖組織型態沒有更改，但被奉令縮減編制員額，林可勝雖辭去軍醫署署長職務專任學院院長，但旋即應美國伊利諾大學之聘擔任客座教授而赴美，院長職務即由盧致德代理，直到1953年才真除院長一職。

　　關於林可勝安排國防醫學院順利遷台後，隨即離開院長一職而到美國之情事，繪聲繪影地受到許多人正反面的評述。在《源流季刊》第三十七期的「校友傳記」篇章中針對林可勝與國防醫學院的關係，即有刊出兩篇正反面的文章，一篇是李選任寫的〈林可勝背棄國防醫學院？〉一文，另一篇則是陳幸一寫的〈林可勝熱愛國防醫學院〉，兩篇文章對林可勝的評價係相當不同。

　　根據李選任的說法，林可勝眼見大陸岌岌可危，國民政府可能垮台，就算是國防醫學院遷到台灣也難保平安，所以他就決定掛冠求去，甚至後來在美國發刊的《美國科學家名人錄》與《美國名人錄》中所載錄林可勝的自傳裡，其中、外履歷職銜皆未提及擔任過國防醫學院院長，這是他故意省略的，李選任進一步認為林可勝不敢寫這一職銜是因為：[24]

---

24 李選任（2011），〈林可勝背棄國防醫學院？〉。《源遠季刊》37期，頁

　　當年國難當頭之際，他避卸職責，「背棄」國防醫學院於不顧，藉著應聘至美國大學之名，離開台灣而求自保，無異於「將軍臨陣脫逃」，實有愧於國防醫學院師生，即有負於國家重託之恩，是不可饒恕的行為。

　　然而自稱為林可勝關門弟子的陳幸一，則辯說林可勝沒有背棄國防，當時他是因與國府高層意念不合才會憤而出國，他還是熱愛台灣與國防醫學院，所以最後他還是回來與盧致德等人共同規劃陽明醫學院，甚至在他人生的最後階段，「1969年回到台灣，將屬於他個人的研究儀器設備及圖書等均運送回國」[25]，可見他雖然身在海外，但仍然心繫台灣深愛母校。

　　除了這兩面看法外，劉士永則提出一個中間觀點，認為林可勝之所以會離開國防醫學院，可能是他不想做院長而希望返回研究領域，這亦是他曾公開表明過的心跡，然而國共內戰持續，國防醫學院遷台後的景況淒涼，顯然不是他試圖進行研究的適當場所，因此他選擇去美國，況且劉士永還用資料指出，「依據1947年6-12月的幾份淞滬警備司令部往來公文來看，林可勝多以『兼院長』的頭銜行文」[26]，所以他把自己視為「兼院長」而不是以「院長」來視事。

9-10。頁10。

25 陳幸一（2011），〈林可勝熱愛國防醫學院〉。《源遠季刊》37期，頁10-11。頁11。

26 劉士永、郭世清（2012），〈林可勝（1897-1969）：闇聲晦影的中研院院士與國防醫學院院長〉，《台灣史研究》第19卷第4期，145-205。頁177。

　　林可勝離開國防醫學院的事件始末尚屬羅生門問題，但學校遷台初期眞可稱是萬事艱難且困苦失望，爲鼓舞士氣，由當時的政治部主任撰詞和音樂教官作曲譜製出一首院歌，其詞爲：「源遠流長，桃李成蔭，偉哉國防醫學中心，八類六級，日新又新，手腦並用，建國先建軍。建國建軍，成功有賴力行；惟勤惟奮，精益求精，親愛精誠，守我院訓。努力向前，努力向前進。」[27]

　　總之，從軍醫學校到國防醫學院，校址歷經了多次搬遷，最後才在台灣找到新的停靠站而穩定了下來，細數過去的遷移流離方向，大致可爲「天津－北平－南京－廣州－安順－上海－台北」，而路徑可參見下圖。到了台灣，國防醫學院整軍待發，站穩腳步，準備邁入一個新的發展階段。

---

[27] 國防醫學院院史編輯委員會（1995），《國防醫學院院史》，台北：國防醫學院。頁216。

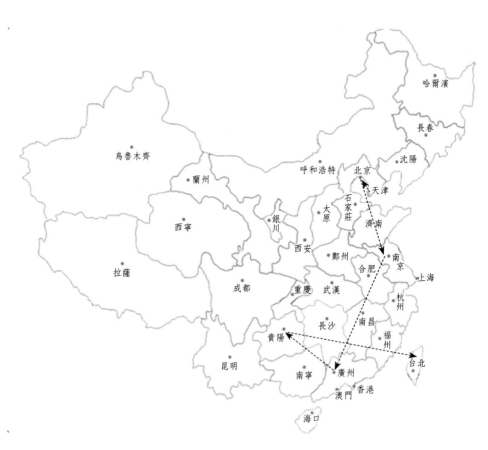

從軍醫學校到國防醫學院，校址遷移方向。

第五章

遷台後的國防醫學院

壹、蓽路藍縷的復舊之路

1949年國防醫學院奉令遷台，院舍新址爲台北市南區市郊占地二甲多的「水源地」營舍，該營舍原是日治時代日軍砲兵聯隊營房，光復後曾作爲台灣省訓練團團址，移交時的營地尚未經整修，因此國防醫學院在此地的復舊，可視之「百廢待舉」處境。就接收時的院舍概況來看，水源地本部有一棟兩層大樓，其餘爲平房數棟，大禮堂爲木結構大堂，除此之外，尚有新店清風園小部營舍作爲入伍生隊及衛勤訓練班用，另借用台灣大學醫學院中山南路部分房舍暫時安置生產無熱原液注射劑的衛生實驗院，臨床部門則設在小南門第五總醫院，此總醫院隨後陸續改稱八〇一總醫院、三軍總醫院，而軍醫署衛材總庫亦配屬爲教學實習院庫。

台北水源地院舍與上海江灣院舍之規模懸殊相當大，如何能夠容納遷來之官員學生士兵及其眷屬三千二百多人以及百餘噸的器材物資與裝備，係非常困難，光是住的問題就是一項急迫之務。依鄔翔概略地描述：[1]

首先要安頓的是住的問題，木架構成鐵皮頂的大禮堂，空間很大，排列三層的鐵床，作男生宿舍；女生則就木屋區隔作寢室，睡雙層鐵床，行李箱爲其自修桌；各學系的實驗室就木屋

---

[1] 鄔翔（2004），《耄年雜記》第二集，台北：作者自印。頁149-150。

大小方位裝置應用；大體解剖室在屋內挖地作屍池，設水泥解剖
台。唯一的永久建築是面對大操場的兩層樓房，分配為護理學
系、社會醫學系、生物形態學系、病理陳列室等。生物物理學
系、生化學系、藥學系各占一間木屋，教學單位大致如此部署安
定下來。行政部門在一大間分隔的辦公室，教職員宿舍在營房東
部，有二十八間日式平房，當然不夠分配。在院區的西北有一大
間木屋，用布帳分隔，以家為單位，置雙層鐵床，分配有眷軍官、
教職員居住，是當時有名的K棟，士兵則在空地搭帳篷住宿；所有
房屋皆已分配，運來許多器材只有成箱堆置空地，以油布遮蓋。

可見之當時院舍的克難狀況，即使九月初恢復教學之際，仍有
「露天上課、曠地用餐」[2] 的窘境。

　　不過，國防醫學院預備遷台之初，即透過美國醫藥助華
會的牽線，獲得美援剩餘物資之一批「活動房屋」原材的捐
贈，並隨學院遷移運送來台，抵達後便加緊興建，而在一年後
順利竣工遷入。關於這批活動房屋的使用，鄔翔亦有如此地描
述：[3]

　　這一批活動房屋有雙層式，六幢建在小南門總醫院作病房，
亦同時啓用。水源地建的活動房屋有二層式的六幢、單層連幢二

---

[2] 國防醫學院院史編輯委員會（1995），《國防醫學院院史》，台北：國防
醫學院。頁214。

[3] 鄔翔（2004），《耄年雜記》第二集，台北：作者自印。頁150。

座、一層獨幢的一棟，完成後作如下的分配：兩層的二幢，作院部及各行政部門辦公室，二層的四幢作眷舍，單層連幢的龐然大物建在操場為衛材倉庫及教材庫，單層獨幢的一半作教室，一半為醫務所。所謂活動房屋並不活動，是鐵皮鋼架穹廬式搭建的房屋，其規格是長一百呎、寬四十呎，要有穩固的地基才能建立。二層式的，先以磚砌作一樓為下層，再搭建鋼架鐵皮為二樓，上下兩層皆分隔八室，中有通道，每幢上下樓共三十二間。又在營外搭建竹屋一排作士兵宿舍，於是始安頓就緒。

由於院舍規模縮小以及政府經濟困難，1949年6月便奉聯勤總部令縮減編制員額，如官員從1414名縮編為705名、士兵由1780名縮編為893名、學員由1220名縮編為200名、學生由3780名縮編為1000名，總共縮減了5396名，新編制計2798名[4]。另外，就教職員官佐員額來說，遷台後已減半成為786員，到了1951年時又復奉聯勤總部頒布編制員額再行縮減299員，教職員官佐編制為487員。然而在人員編制上雖有這麼大的改變，但國防醫學院的組織形態卻一直沒有改變。下表即為1950年時的「國防醫學院組織系統表」：[5]

鑑於當時政府經濟困難，以致學院人員待遇菲薄而生活清

---

[4] 〈國防醫學院三十九年度工作報告書〉，1951年2月《國防部檔案》，國防部部長辦公室藏。

[5] 〈國防醫學院民國三十九年概況〉，1951年2月《國防部檔案》，國防部部長辦公室藏。

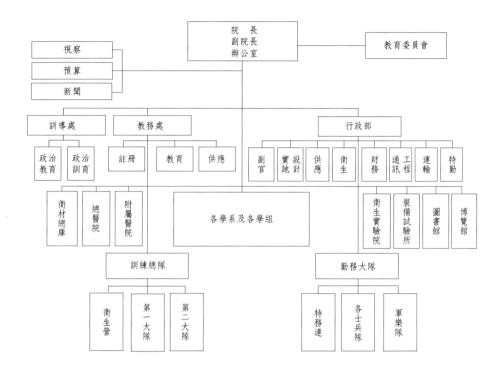

苦，爲使教學人員安居樂業，維持一定家庭生活費用，便利用學院師資的醫學專精，1951年經呈准於小南門教學醫院附近以二層活動房屋二幢設置病床十九張，成立中心診所，在公餘時間爲一般民眾進行醫療服務以增加收入。1968年小南門的教學醫院遷回本院部附近，隨後中心診所亦奉國防部核定由國有財產局公開標售，原醫療作業暫時以院本部的健康中心作爲門診及部分病房，並預定將所標售款項於水源校區重新建立新診所。

　　跟隨政府遷台計有超過百萬的軍公教人民，爲能安頓這批爲數眾多的軍民，財政支出沉重，再加上時局混亂和經濟不穩的窘況，政府實無力因應各方提出的發展需求。美援的貢獻恰

可多少彌補政府的這些困境，特別是自1950年開始至1960年中葉期間，美援的支助可說是台灣經濟安定保障的最重要外在因素，幫助台灣渡過經濟危機與物資供給不足的階段，並重新盤整與發展，直到1965年之後，美援方逐漸中止而被漸增的外資所取代。

在這樣的境況下，國防醫學院遷台初期也甚少獲得學校建設款項之經費，因此向外求援淪為必經之道，其捐助最大宗者，概計有美國醫藥助華會、美國紐約中國醫藥理事會、經合署中國分署之捐贈等。其中，美國醫藥助華會對國防醫學院幾乎是有求必應，要求大多無異議通過，其資助金額年達美金數十萬元，此般關係的建立主要是院長盧致德與該會執行長劉孔樂尤為深交，又屬廣東同鄉，經由劉孔樂積極向各方呼籲，始得該會的陳納德將軍和周以德參議員等得力人士之支持，陸續獲得捐款來施展學院的相關建設。

針對國防醫學院獲得美國醫藥助華會各項美援的援助內容，可概括分為四大方面：[6]

(1) 捐建房屋：

　　a.協助興建教職員眷舍，先後完成二層樓房屋八棟，名曰「學人新村」。

　　b.興建四層樓之「瑞恆樓」及高級教職宿舍各一棟，安定

---

6 國防醫學院院史編輯委員會（1995），《國防醫學院院史》，台北：國防醫學院。頁559-560。

教學人員。

c.興建「麥範德大樓」作護士宿舍，「美生樓」作護生宿舍，

d.於石牌榮民總醫院內興建「柯柏館」作臨床醫學研究所。

e.在學人新村建「安齋」，作招待所供客座教授及接待貴
　賓居處，另設「愛德幼稚園」，以照顧學院人員子弟。

f.在教學部門之建設方面，包括捐修各學系實驗室及教學
　設施等。

(2) 教學人員生活津貼

主要係以專項作為定期津貼，發放對象為醫學有關學科
之教學人員，每月發放教授200元、講師150元、助教100
元。當時軍官上校級的月薪才114元，教授級即主任教官
為上校級，所以這樣的定期津貼對於生活有非常大的幫
助，這也讓文職教員及行政人員相當羨慕。此項「美援津
貼」發放長達三十年之久。

(3) 資助獎學金出國進修

主要包括：a.選送師資人員出國進修或考察，培養專業人才。
　　　　　　b.延聘客座教授，資助旅費，為學院設講座。

而美國紐約中華醫學理事會也經常資助獎學金，讓學院選
送人員出國進修。

(4) 捐助教學設備及精密儀器

學院遷台後的原有教學設備多已老舊，但是科技進步且儀
器日趨專精，便必須增添與更新教學設備及精密儀器。美
國醫藥助華會對學院協助之要求大都有求必應，因此各單
位申請器物亦多能獲捐贈，像是電子顯微鏡、實驗室整套

器具等等，迭有新器材運來，且為數不貲。

由此觀之，遷台後國防醫學院的發展，鑑於政府經費的短絀，其建設多賴於美援的支持，無怪乎在1963年針對學院的校閱總評中，即明白地提到：「研究成果豐碩，成效卓著，主管潔身奉公，秉自立更生之精神，具遠大之著眼，藉國際之支援，於困難環境中建立完備之學府。」[7] 然隨著國家經濟發展的穩定與成熟，各類美援逐漸中止，而美國醫藥助華會也於1982年改組為「中華民國醫藥促進會」，轉為以國內外醫學交流為宗旨的組織。

貳、教育計畫的策略布署

根據〈國防醫學院工作日記〉中所載，1949年11月的教育班隊有包括大學教育類的醫科、牙科、藥科、護理科，其中之醫科與牙科的修業年限為六年，藥科和護理科的修業年限為四年；職業教育類的高級護理職業班、營養職業班、理療職業班、以及牙醫、牙藝、藥學、衛生檢驗、衛生裝備、衛生行政、衛生供應職業班等，修業年限均為四年。[8]

---

[7] 國防醫學院院史編輯委員會（1995），《國防醫學院院史》，台北：國防醫學院。頁241。

[8] 〈國防醫學院工作日記：民國三十八年十一月至民國三十九年四月〉，1949年11月30日～1950年5月20日調製，《國防部檔案》，國防部部長辦公室藏。

由於國防醫學院的教育規模尚稱完備，隨院遷台的師資亦相當完整，1950年教育部便分發在大陸未完成醫學院學業的逃難來台學生到學院來借讀。另外，經僑務委員會會同教育局函准國防部，飭由學院自1951年起接納海外僑生來院就學。再經教學設備的逐年提升，教育局已認為國防醫學院各科系教程內容均符合醫科大學部定標準，因此自1954年起大學教育各科畢業生均授予學士學位，醫科授醫學士、牙科授牙醫學士、藥科授理學士、護理科授護理學士，後又復奉教育局函藥學系所授之理學士改稱為藥學士。1966年起，學院開始代行政院國軍退除役官兵輔導委員會招訓醫學系公費學生，自此國防醫學院的學生源包括了一般學生、僑生與代訓生三種。

鑑於長期以來軍中醫務人員良莠不齊之窘況，為能改善現職軍醫醫療技術的水平，1956年奉國防部令續辦專科教育，考選各部隊無正式學資軍醫施以四年專科教育，以協助獲取醫專學歷。另外，為配合整體衛勤教育規劃，衛勤訓練班奉令於1957年擴編為「陸軍衛生勤務學校」，而脫離國防醫學院獨立，直到1969年國防部又核定陸軍衛生勤務學校撤銷，復併入國防醫學院，仍稱衛勤訓練中心。後又配合軍隊需要，1974年奉令籌辦衛勤專科班，招收高中畢業社會青年以充實部隊衛勤幹部，1978年衛勤專科學資經教育部同意核定為三年制專科。但是由於國防任務需要，國軍醫勤幹部專業人才極需升級，於是又奉國防部令核定自1979學年度成立增設公共衛生學系以替代衛生勤務專科，同時停辦衛勤專科，於是

衛生勤務訓練中心便改隸陸軍總部而更名爲「陸軍衛生勤務學校」，國防醫學院便只專辦養成及進修教育，有關衛勤短期訓練則由該校負責辦理。雖然如此改變，嗣因基層部隊之衛勤軍醫官缺員嚴重，極待補充，1981年乃又恢復衛勤專科班招生，但教育期限改爲二年六個月，而教育部亦改授予二專學資。

1967年，醫學系、牙醫學系、藥學系、護理學系、高護班、醫學專科及研究所奉國防部令劃一學歷，將原春季始業改爲秋季始業，各教育班隊修業年限與教育部規定之修業年限相符合。而爲配合教育部醫學教育的改制，1970年醫學系教育期限延長爲七年。到了1972年，爲使各系所學期起迄一致，便調整學期來區劃寒暑假時間，同時爲使各畢業班次能按季節畢業起見，乃將各系所之學期調整爲每學年兩個學期，每學期二十二週並取消暑訓。至此，國防醫學院的教育計畫已穩定下來，在養成教育方面，其教育時間與教育內容可歸整如下表：[9]

就教育學制觀之，醫學院除了專業教育學生之醫、牙、藥、護等各學系外，支援各學系之獨立學系亦爲教學研究之重鎮。綜概國防醫學院的教育學制，遷台以後總計有11個學系：(1)生物形態（包括解剖及藥用植物），(2)生物物理（包括數學、物理、生理、藥理），(3)生物化學，(4)醫學生物形態（包括微生物、寄生蟲、病理），(5)內科（含小兒科、精

---

[9] 本表歸整自《國防醫學院院史》第三章「教育實施」部分內容。國防醫學院院史編輯委員會（1995），《國防醫學院院史》，台北：國防醫學院。頁328-329。

1.教育時間			
(1)	醫學系	修業七年	分三階段：A、入伍教育十週，B、前期基礎醫學，C、後期臨床醫學
(2)	牙醫學系	修業六年	分三階段：A、入伍教育十週，B、前期基礎醫學，C、後期臨床醫學
(3)	藥學系	修業四年	分三階段：A、入伍教育十週，B、基礎醫學，C、各大藥廠實習
(4)	護理學系	修業四年	分三階段：A、入伍教育十週，B、基礎醫學，C、後期臨床護理
(5)	公共衛生學系	修業四年	分三階段：A、入伍教育十週，B、前期基礎教育，C、後期公共衛生實習
(6)	在職護理人員進修學士學位班	修業四年	分二階段：A、前期基礎醫學，B、後期臨床醫學

2.教育內容		
(1)	政治史教育	在確定學生人生觀，並砥礪學生犧牲奮鬥精神與矢志救國情操。
(2)	軍事教育	在培養學生戰術、戰略思想，增強指揮統御能力。
(3)	各系科前期基礎醫學	重點在自然及應用科學與實驗。後期教育重點在臨床醫學及實習。
(4)	修業學分	醫學系276-283學分，牙醫學系255-258學分，藥學系145-148學分，護理學系144學分，公共衛生學系148學分，在職護理人員進修學士學位班81-87學分（不含抵免學分）。

神、神經、皮膚），(6)外科（含眼、耳鼻喉、婦產），(7)物理醫學（含復健醫學、放射科、核子醫學），(8)社會人文科學，(9)醫事工程，(10)政治科學，(11)衛生實驗所。然而為使各學科能分別獨立發展，並符合台灣各醫學院實施之教育體制，1979年除了醫、牙、藥、護、公衛各學系外，奉核准調整為如下24個學系：(1)生理及生物物理，(2)藥理學，(3)微生物及免疫，(4)寄生蟲及熱帶醫學，(5)病理，(6)皮膚學，

(7)精神學，(8)神經學，(9)小兒科學，(10)婦產科學，(11)眼科學，(12)耳鼻喉科學，(13)復健醫學，(14)放射科學，(15)核子醫學，(16)軍醫勤務學，(17)生物形態，(18)生物化學，(19)內科，(20)外科，(21)社會人文科學，(22)醫事工程，(23)政治學科，(24)衛生實驗。其中之原藥用植物歸隸藥學系，並另外成立體育組。[10]

在國防醫學院之教育計畫布署中，教學醫院是後期臨床醫學的教育養成重點。遷台後，教學醫院設於小南門的第五總醫院，該醫院在日治時期係稱台灣陸軍病院南門病室，光復後政府改編稱台灣陸軍醫院，1949年原隸屬於軍政部之台灣陸軍醫院才奉令改為聯勤總部第五醫院。1950年教學醫院又進一步改組，稱陸海空軍第一總醫院並隸屬於國防部，1955年醫院名稱改為陸軍第一總醫院並隸屬於陸軍供應司令部，1960年又改稱為陸軍第八〇一總醫院，直到1968年才改組稱為三軍總醫院而一直延續到現在。

教學醫院係位於小南門，即位於今日之廣州街和延平南路相交區域，也就是台北市立聯合醫院和平院區及其附近地區。而院本部在水源地，所以教學醫院與院本部距離頗遠，實習學

---

[10] 依照國防醫學院系、科、所歷年沿革表，在1983年時即明確區分學系、科，計分醫、牙、藥、護及公衛等5個學系，其餘原稱學系之教學單位，均改稱學科，而臨床學科改隸醫學系，並增設麻醉、放射治療學科，同年7月，衛生實驗院改制為藥品製造研究所。2004年為配合國防大學組織簡併，將社會及人文學科及政治科學科合併為通識教育組。2005年通識教育組調整為通識教育中心。

生需乘萬華新店鐵路火車往返，非常不便，因此先洽借萬華區老松國民小學搭建實習生宿舍，1951年經籌款於總醫院內自建實習生宿舍，才免除學生奔波之苦。1959年榮民總醫院開始營運，經呈奉行政院核定爲國防醫學院的教學醫院之一，因此教學醫院有小南門的第一總醫院和石牌的榮民總醫院兩個實習院區。

1964年國防部已開始有遷建小南門教學醫院之議，並勘定台北市古亭區第八號公園預定地作爲新院址，以八○一總醫院爲基礎，擴編興建一所現代化的標準醫院。1968年竣工並改稱三軍總醫院，於5月10日在新址（今爲台北市汀州路三段八號）正式舉行開幕典禮，而原小南門的院舍，則一部分移作市立和平醫院用，一部分由政府標售。然而，三軍總醫院雖一直是國防醫學院的教學醫院，但是行政系統其實不相隸屬，杵格之事難免存在，因此1979年奉國防部令核定，三軍總醫院改隸爲國防醫學院之直屬教學醫院，而編併之後，國防醫學院設副院長二員，並以副院長一員兼任三軍總醫院院長。

參、嚴峻時局下的穩健發展

1949年大陸失守，政府撤退來台，5月台灣開始實施戒嚴。鑑於國共戰爭失利的檢討，以及爲了重整步調反攻大陸，1950年開啓了清黨改造工作，至1952年才大致完成。這期間

除了黨本身的整肅外，爲擴大黨的社會基礎而更延伸至青年知識分子及農工生產者與社會團體組織，軍中也恢復了政工制度，「反共抗俄」亦成爲黨員思想言行遵循的準則。

在這般的時局背景下，所謂剷除在台匪共的「肅清」工作全面性地展開，以當時僅有的台大醫學院與國防醫學院來說，即各有被以匪共嫌疑的罪名遭逮捕，台大醫學院內因讀書會組織有聞匪共侵入並帶領閱讀左派書籍，導致參與的教員學生被逮，而1950年台大第三內科主任許強醫師亦被以「組織台大附設醫院匪支部充任書記」之罪名槍斃[11]。國防醫學院也發生了類似事件，據韓紹華的回憶，當時國防醫學院中有強華醫學會和健軍醫學會等兩個學術團體，強華會員組織讀書會，後來發現該組織是共產黨的外圍，而被槍斃的強華會員據說就是共產黨員。他進一步描述當時的時局嚴峻狀況：[12]

來臺灣後，反內戰、反飢餓都已沒有藉口，校園非常安寧，但治安當局仍不放心。在我二年級的時候，有天早晨醒來，發現睡在我上鋪和下鋪的同學都不見了。原來昨天晚上清查校園，在臺大和師大抓了很多人，國防也有多人被捕。後來大部分被捕同學都陸續釋放回來，但也有一去不返的。我上下鋪的兩位同學總

---

[11] 許達夫編（1999），《許強醫師紀念專輯》，台南：許強醫師基金會。頁16。

[12] 喻蓉蓉訪問(2004)，《台灣免疫學拓荒者：韓紹華先生訪談錄》，台北：國史館。頁72。

算運氣好，都回來了。但不知何故，不久便離開國防，一位考上臺大，專攻物理，現在已成為名校教授；一位信奉回教，去了中東，仍然學醫，如今在土耳其行醫。有些運氣不好的，關了五、六年才出來，無法繼續升學，便改行做生意，也有非常成功的。有位護理科的女同學，聰明、美麗，是當時的校花，在綠島關了十多年，出來時已過中年。聽說她在綠島也很風光，蔣經國每次去訪問，都派她幫忙接待。她的男朋友，是我們班上的天才，當時就被槍斃了。

　　為強化學院內學員生的愛國忠貞情操，1952年創辦水源地週刊，內容包括有國際情勢、三民主義認識及院事音訊等項，旨在砥礪學術和鼓舞士氣，該週刊係由政治部指導學生辦理。1953年，為使學生學員養成主義、領袖、國家、責任、榮譽等五大信念，開始進行政治政訓教育以養成時代軍人習性，因此，養成教育各期班規定於畢業前必須要實施反共抗俄鬥爭教育一個月，使之具備各種反共抗俄鬥爭知識來養成文武兼修之忠貞軍醫幹部，同時，為使學員生熟悉院況謹守規則，亦由新聞室編訂學員生手冊，冊內含中華民國憲法、教育綱領、教育設施、學則及各種應守規定等要項，並印發人手一冊以俾所遵循。其實不只在國防醫學院，教育部亦規定自該年起，台灣各醫學院校之畢業學生皆應受為期一個月的軍事訓練，以備動員之需。

　　1955年國防醫學院改隸陸軍供應司令部軍醫署。而為嗣

應部隊需要，自1963年起經錄取新生入學之前，必須送陸軍官校接受四個月入伍教育再返校接受專業教育及訓練，而各科系於畢業前亦必須施以反共教育一個月後始舉行畢業典禮，發給畢業證書及學位證書。1964年，醫、牙、藥男生入伍訓練改由陸軍預訓司令部第五訓練中心統一辦理，而護理及高護女生則由政工幹部學校進行為期十一週的代訓。到了1965年國防醫學院又奉令改隸陸軍總司令部直轄。1967年，高級護理職業班第二十期新生入伍訓練，改為學院自辦，為期九週。

隨著遷台復舊過程的逐漸回穩，國防醫學院開始扮演其政治社會影響之角色。1954年衛生實驗院從借用台灣大學醫學院房舍遷回院部作業，繼續生產無熱原液注射劑供應軍方需求，並生產各種疫苗供軍民之用，而1958年金門的「八二三」砲戰之戰火激烈，亦因所生產的無熱素液及藥品，全面供應戰地需要，使其無匱乏之虞。此外，由於軍隊醫療首重外科，所以國防醫學院自遷台後鑑於醫學分科專精之趨勢，除實施住院醫師制度外，又先後設立骨科、神經外科、泌尿外科、胸腔外科、心臟血管外科、肛門外科、整容外科及麻醉科等，逐步邁向專精之分業。這般的專業發展規模，亦促使台大醫學院於1952年派外科醫師三員至國防醫學院的外科學系進修麻醉學及實習，同時也派出專業醫師至台大醫院協助其建立麻醉科。

事實上，國防醫學院對台大醫學院的影響還在於醫療體制方面，國防醫學院的師資多受美式醫學教育的影響，當時台

大醫學院尚屬日式醫學教育模式，因此政府遷台後之台灣的兩
大醫學教育機構，即有國防醫學院的英美派和台大醫學院的德
日派分野。然而隨著兩校醫學教育的交流趨頻，美式的醫學教
育模式亦逐漸滲入台大醫學院中，如系科主任制、住院醫師制
度、強化英語課程等[13]，當然，影響台大醫學院轉為美式醫療
體制最主要的力量是美援物資的輸入，美援會藉由經費與物資
的提供希望改變台大從日式醫療體制變為美式醫療體制，這也
可從美援會提供技術協助選送出國進修與考察的概況中看出，
依據《台灣光復後美援史料》中所記載：[14]

1954至1958年技術協助計畫（衛生項）選送出國人數表

項　　目	赴美國者	赴其他國家者	共　　計
衛生	128	25	153
公共衛生	37	1	38
醫療	40		40
護理	28	13	41
衛生工程	23	11	34

　　從「1954至1958年技術協助計畫選送出國人數表」關於
衛生項之部分，已可看到受補助出國者係以「赴美國者」為
多，在153名中即占有128名，幾近八成五比例，而其間若以
「醫療」這一考察項目來看，則更顯示出是百分之百的「美國

[13] 葉曙（1982），《病理三十三年》，台北：傳記文學。頁151-155。
[14] 本表整理自周琇環編（1998），《台灣光復後美援史料》第三冊，台北：
　　國史館印行。頁300。

派」，可見美式教育已成為遷台後醫學體制的一個趨向，而國防醫學院的教育模式便必然成為參考學習或擬仿的對象。

除了台大醫療體系的影響外，國防醫學院對日後成立的榮總醫療體系之影響係更為深遠。行政院國軍退除役官兵輔導委員會，為面對榮民醫藥照顧之日益需求，1956年委託國防醫學院協助籌辦榮民總醫院，並聘請學院院長盧致德來兼主任，在盧致德的號召下，學院醫學各科專家皆參與榮總的籌劃及設計工作，並建立醫療制度模式。1959年榮民總醫院開始作業，經呈奉行政院核定為國防醫學院的教學醫院之一，並奉核定榮民總醫院院長由盧致德兼任，榮民總醫院之各級醫事人員暨主幹人員也多由國防醫學院人員中甄選兼任來從事服務。另外，為培育更多的醫務人員在逐漸擴張的榮民總醫院醫療系統裡服務，退輔會除了請求國防醫學院代訓醫學生外，並邀請盧致德及學院相關人員參與籌備國立陽明醫學院，1975年國立陽明醫學院正式成立，而其首任院長即為國防醫學院醫科四十九期畢業校友韓偉。

事實上，即使在艱難的發展情況下，國防醫學院對榮總資源的投注一直是不遺餘力，有好幾項由國外捐款的重要建設皆設立於榮總之內，如1963年美國醫藥援華會捐贈新建的柯柏醫學科學研究紀念館，便以水源地已無空地為由，而建於石牌榮民總醫院內；1964年，由經合署在醫藥衛生教育計畫經費項下補助興建的病理實驗館，亦以病例多且易獲檢體為由，建於石牌榮民總醫院內；1967年承美國紐約中國醫學教育理事

會捐建之護理館，亦建於榮民總醫院內；此外還有放射治療中心等等也設於其中。然而，國防醫學院的建設經費始終囿於國防部的通盤考量，而時有建設落後的景象，如1971年在學院五年發展的計畫中，除設施工程預算外，其他像院舍建築費、教育設備費及其他設備費等，因受國防經費定額所限未能奉撥，致該計畫進度落後；1975年因適逢國際經濟不景氣所導致物價及工資大增之影響，多項工程在實施期間未能決標，以致學生活動中心、行政辦公大樓、軍官宿舍及勤務連營舍等均暫被擱置，其原需使用之預算轉由國防部後勤次長室統籌運用。

針對這般情景，鄔翔寫下了歌頌當時任職院長的盧致德的一段話：[15]

盧院長以國防醫學院已奠定基礎，遂致力於榮民總醫院之建設，使成有規模之大醫院，故將國防醫學院之人才同為榮民總醫院效力，且將從國外捐得之專款移置於榮民總醫院，如大建築之柯柏科學研究館、病理實驗館、放射治療中心、護理館，其胸懷磊落令人欽敬。

國防醫學院有這樣的大器胸懷，當然也創造出國醫人才的退役轉職之道，這可由榮民總醫院歷年來重要幹部和科室主管多數來自學院退役的軍職師資人員中看出。協助榮民總醫

---

15 鄔翔（2004），《耄年雜記》第二集，台北：作者自印。頁177。

院的建立，盧致德的貢獻甚多，針對國防醫學院院長這個編制，1967年學院的編裝修訂奉國防部核定頒行，除修訂部分專長與職稱外，其要點是院長職位改為文武通用；1968年學院院長編階奉國防部修訂為「將級不定階與簡任」文武兩用；1969年院長盧致德中將，改敘為簡任一級文職官階。直到了1975年，盧致德才奉參謀總長令核定退職，而專任榮民總醫院院長，所遺職務由副院長蔡作雍代理，1976年參謀總長正式核定代院長蔡作雍真除院長職務。盧致德主持國防醫學院政務達二十六年[16]，而這也正是國防醫學院遷台後的復舊與發展時期，萬事皆經篳路藍縷而須披荊斬棘，對學院存有著相當大的貢獻，然而1979年盧致德卻不幸於6月11日因心臟病逝世於榮民總醫院，享壽七十九歲。

除了為國醫人才的退役轉職創造福利之外，國防醫學院也協助眾多軍中的行伍軍醫開闢出他們退役轉業的機會。這些行伍軍醫雖然沒有學資，或可能接觸過一些短期教育訓練班，但是他們在抗戰期間確實發揮了醫務功能，雖無赫赫之功，但其軍醫勤務著績且能達成所賦予任務，實有功於國家。政府遷台

---

[16] 關於盧致德長達二十六年的國防醫學院院長任期，再加上擔任榮民總醫院院長兩年多，在軍中主管任期制度下係相當少見，對此，在蔡作雍院長口述記錄訪談稿中，有說明「盧致德院長任職長達二十八年，超乎常理。這完全出於蔣中正總統對盧院長的信任，要求他人對盧院長的任期不要干預。另外，晚年，蔣統總健康欠佳，而醫療小組都由國防醫學院派任，我想，這也是盧院長必須在位的原因之一。」參見〈蔡作雍院長口述訪談記錄稿〉，2012年1月19日，郭世清、劉士永、林廷叡訪談，國防醫學院6樓生理學科6326研究室、王世濬教授紀念室。

後，設立國軍退除役官兵就業輔導委員會來辦理退伍軍人轉業或安置生活，但對於專業人員就業的職業保障尚未計及，蓋專業人員執業須經國家考試及格認證才有資格，於是軍中許多未取得學資的醫務人員，退伍轉業即成為一項難題。

其實自1950年起，民間醫界即發起了自律與整頓醫業的呼籲，並提出修改舊醫師法的主張，然而從這修正案的提出以至1975年行政院的宣布施行，卻整整花費了二十五年的時間，根據莊永明的歸納，他說：[17]

修正〈醫師法〉從醫界醞釀並要求政府重新立法，到修正條文草案的出爐，有七年之久，而送呈中央機關審定，也被塵封了五年，完成立法程序又是五年，三讀後，因第四十三條規定：「本法施行日期，由行政院命令定之」，如此「但書」，無異於讓行政院有權將新〈醫師法〉束諸高閣，因此又是一段長時間的沉寂，在八年又三個月後，行政院始正式宣布實施。

醫師法修正所遭遇的最大困難，即是退除役軍醫的就業問題，因為軍醫若無學資則將無法於社會執業，但因醫界對政府通過新醫師法的壓力加大，使眾多行伍軍醫的焦慮日趨明顯。對此，國防醫學院院長盧致德（時兼榮民總醫院院長）即與軍醫首長們相商為行伍軍醫找出路，以保障其生活及免人才流

[17] 莊永明（1998），《台灣醫療史》，台北：遠流出版。頁525。

落，最後是經行政院國軍退除役官兵輔導會成立專案舉辦特考來解決。

　　盧致德親赴考試院多次，洽定以特種考試方式來辦理無照軍醫人員考試，並確定將醫事人員執業資格區分爲「乙等考試」：如醫師、牙醫師、藥劑師、醫事檢驗師；以及「丙等考試」：如護士、藥劑生、鑲牙生、醫事檢驗生、助產士。1972年制定「特種考試國軍退除役醫事人員執行資格考試條例」來讓行伍軍醫取得在民間執業資格考試的依據，並且規定施行期間爲三年，所以從1972年到1975年共舉辦了六次特考，逐步解決行伍軍醫就業上的問題。盧致德除受命爲退除役官兵輔導會提供應考人員有關學科補習資料外，他也認爲應考人員皆未受養成教育，所以考試題目不宜太深和太專，而應該是要著重執行業務所必備的基本知識[18]。儘管如此，但還是有七百多名退除役軍醫屢試不中，結果在1976年考試院以行政命令修改「特種考試衛生技術人員考試資格」爲「六十五年特種考試退役軍人轉任衛生技術人員考試規則」，以全部錄取的方式來加以解決，使這些退役軍醫轉爲具有公務員資格的「公共衛生醫師」。[19]

　　總之，國防醫學院自上海遷台的三十年間，可謂稱爲國醫的盧致德時代，這係屬於復舊與發展的時代。然而隨著台灣政

---

[18] 鄔翔（2004），《耄年雜記》第二集，台北：作者自印。頁200-201。
[19] 莊永明（1998），《台灣醫療史》，台北：遠流出版。頁527。

治經濟的逐漸穩定，除了陽明醫學院外，一些私立醫學院，如高雄醫學院、台北醫學院、中國醫藥學院以及中山醫學院等卻以快速的步伐發展著校務，因此國防醫學院的發展必須持續進行，於是當進入了1980年代，「國防醫學中心」的新規劃即被如火如荼地展開。

第六章

「國防醫學中心」之建立

壹、合併國防醫學院與三軍總醫院

1975年盧致德奉參謀總長令核定退職，而專任榮民總醫院院長，所遺職務由副院長蔡作雍代理，隔年蔡院長眞除。國防醫學院與三軍總醫院也於1979年核定編併，三軍總醫院改隸爲國防醫學院的直屬教學醫院。另關於榮民總醫院與國防醫學院的關係，依蔡作雍的口述記錄：[1]

榮民總醫院（榮總）和陽明醫學院（現陽明大學）之籌備都由國防醫學院的教授群效力促成。後者盧致德院長爲召集人，我則實際擔任執行工作。當初的構想是盧院長自榮總退休出任陽明醫學院首任院長，結果意外，教育部委派韓偉教授（國防醫學院自費生，教育部首屆公費留學生）出任（1979-1988）。自此陽明、榮總與本學院各有不同隸屬，無直接關連。本學院原在榮總便用美國援華會（ABMAC）捐助經費所建造並設置柯伯紀念館實驗室，產權也因而轉移。該館是本學院醫學研究之發軔地。

可知榮民總醫院雖仍是國防醫學院的教學醫院之一，但卻因爲存在著「不同隸屬」，兩院關係並無法直接被聯繫起來。

同時期，儘管三軍總醫院已改隸爲國防醫學院的直屬教學

---

[1] 〈蔡作雍院長口述訪談記錄稿〉，2012年1月19日，郭世清、劉士永、林廷叡訪談，國防醫學院6樓生理學科6326研究室、王世濬教授紀念室。

醫院，但也由於種種因素而實際上未能達到實質合併的地步，所以經過數度磋商協調，再一次地達成合併改編協議，因此當1983年潘樹人繼任院長後即於當年奉國防部（71）雲震字第一二九九號令，核定國防醫學院與三軍總醫院完成徹底編併改組。三軍總醫院成了國防醫學院的附屬醫院，三總院長成為國防醫學院的首席副院長，而醫院的醫療部門主任也擔任學院相關部門主任。

針對徹底編併改組後的三軍總醫院，其名稱曾參考台灣大學模式的「台灣大學附屬醫院」之謂，然認為醫院用「附屬」一詞可能顯得有疏離且附帶的意涵，因而奉准改稱為國防醫學院「直屬教學醫院」，但是後來醫院覺得三總名稱沿用已久，乃建議不冠國防醫學院而只使用「三軍總醫院」，所以至今醫院仍用此名稱。

綜上可知，國防醫學院與三軍總醫院合併改編作業之內容，其概要之前六項可羅列如下：[2]

1. 目標—徹底合併改編為一整體機構，成立一名符其實之「國防醫學中心」，集中人力、物力，統一觀念與作法，務使醫學院與教學醫院前後期各系科之教學、醫療與研究業務確能綿密結合，充分發揮國軍醫學中心之整體功能，以提高三軍軍醫之醫療及學術水準。

---

[2] 國防醫學院院史編輯委員會（1995），《國防醫學院院史》，台北：國防醫學院。頁292-293。

2.三軍總醫院直屬於本學院，正式成爲本學院之教學醫院，本
　學院副院長一人兼任教學醫院院長。

3.三軍總醫院之番號不變，以便利其維持超五級醫療作業之特性。

4.將現有學系間之層次明確區分，計分爲醫、牙、藥、護、公
　衛五個學系、衛生勤務專科、並增設研究部，其餘原稱「學
　系」之教學單位，均改稱「學科」；除政治科學科仍隸屬政
　戰部，八個基礎醫學學科仍隸屬教育長督導外，其他各臨床
　學科改隸醫學系。

5.醫學系所屬之後期臨床學科與教學醫院相對之各診療部科合
　併作業，人員統一運用，且由醫學系所屬之各後期臨床學科
　主任兼教學醫院相對之各診療部科主任。

6.於教學醫院院長室之下設「醫務長室」，取代原「醫療部」，
　由醫學院醫學系主任兼任醫務長職務，以便利其秉承醫學院
　院長及兼教學醫院院長之指示，負責綜合並督導醫學院各系
　科主任兼任教學醫院各臨床部科主任之業務。如此不僅可收
　指揮層次分明之效，且可加強醫學院與教學醫院之間脈絡一
　貫之共同運作關係，得以充分發揮醫學中心之整體功能。

　　當國防醫學院與三軍總醫院完成徹底合併後，整個醫學
教育的前期基礎醫學與後期臨床醫學各系科，將逐漸就人員運
用、工作項目及研究主題等三方面進行實際之「配合支援」，
而醫學院與總醫院之相關科部亦將逐漸就這三方面，進行徹底
之「統一」與「融合」。合併後，兩院主官將可保持密切聯繫
且合作無間，一方面，醫學院院長擴大授權總醫院院長來全權

處理醫院業務，並隨時提供支援解決醫院之困難或糾紛，同時致力加強督導臨床教學訓練與研究工作等，另一方面，教學醫院也將努力採取措施以配合醫學院之教育政策。至此，重建「國防醫學中心」的雛形和基礎便已建立。

貳、重建「國防醫學中心」

早在上海江灣時期的國防醫學院，原本即是以「醫學中心」為建構模式，但隨著遷台後的環境局勢限制，儘管組織形態變更有限，但規模和編制大幅縮減，使之逐漸淪為單純的醫學院。再者，由於政府資源投注的不足及美援支助款項的日益降低，相較於其他醫學院的快速發展，醫學院與總醫院的軟硬體建設均稍嫌緩慢，特別是1970年代具現代化規模的長庚醫院設立，以及1980年代台大醫院擴大改建，皆讓國防醫學院相形見絀。為能配合時代之推進與科技之發達，國防醫學院已經不容故步自封，此時必求多方配合方能有發展之地，於是在醫學院和總醫院內外相關人士的熱情關心與奔走呼籲下，恢復「醫學中心」制度之擬議便不斷地被提出。

針對「國防醫學中心」的重建方案，依1979年的發展國防醫學五年中程計畫，係以朝原地整建的方向進行，1983年蔡作雍院長任期屆滿，潘樹人接任院長，提出原地整建與搬遷內湖兩案併呈討論，而這兩案各有支持者。當時的整建計畫是

拆除部分舊建築物，分別在學院與總醫院兩院區，按發展的需要各別新建一棟十層大樓，兩院區再建立一個地下通道貫通相連，預算編列方面為學院8億、總醫院20億，預計四年內完成。

　　其實，主張原地整建者除認為兩院區可往四周圍與上方擴充外，三十多年的水源地院區的心血耕耘和記憶也是重要的因素。例如在沈國樑院長生涯歷程回憶中，即提及他在一次到金門參訪時，聽當時的宋心濂司令官說曾經建議出售水源地搬遷至林口之草案，但學院的教授們反對，他進一步說：[3]

　　當時盧致德因病住入榮民總醫院，但他對草案仍相當關切，水源地校區的一草一木、一房一樓都是他點滴心血的累積，一旦搬遷，則全部都灰飛湮滅。

而針對國醫中心搬遷內湖的結果，在蔡作雍院長口述訪談記錄裡亦提到：[4]

　　現在回想起來，如果當時接任軍醫局局長成為事實，則原已為上級宋長志總長核定、在水源地原地整建的計畫可能就不會改變…。

---

[3]　〈沈國樑院長生涯歷程回憶稿〉，2011年8月25日，收稿地點：通識教育中心助理辦公室、院本部辦公室。

[4]　〈蔡作雍院長口述訪談記錄稿〉，2012年1月19日，郭世清、劉士永、林廷叡訪談，國防醫學院6樓生理學科6326研究室、王世濬教授紀念室。

　　在潘樹人院長任內，由於他到美國、日本等地參訪之經驗，認爲水源地校區因空間狹小及可擴展的腹地不足，若只是往四周圍與上方擴充，發展必然會受到侷限，因此他主張覓地搬遷。1983年當時的參謀總長郝柏村批准覓地搬遷案，決議將國防醫學院、三軍總醫院、陸軍衛勤學校，以及航太醫學中心和海底醫學中心一併遷建於台北市內湖原工兵學校舊校址，以重建「國防醫學中心」。

　　整個重建過程可約略歸整如下：1984年「國防醫學中心籌建委員會」成立，1986年開始規劃，1988年整建工程展開初步設計工作並進行工程設計發包，1989年成立「國防醫學中心整建工程營建管理指揮部」，1990年整建工程開工，1993年醫院主體建築工程開工，1994年工程預定進度超前0.9%，1996年計畫議定1998年執行搬遷，1997年工程預定進度落後11.1%，1998年訂定遷移內湖計畫，1999年國防醫學中心工程已於10月完工，決定搬遷計畫。關於學院搬遷部分，第一階段於10月7日至22日完成，爲院本部、各行政部門、大學部相關單位及學指部之搬遷，第二階段於12月底前完成各研究所、圖書館及動物處等搬遷。搬遷後隨即在內湖新址恢復作業與上課，而三軍總醫院也於2000年8月由汀州路遷移至內湖，隨即展開醫療作業，完成兩院相連運作，至此國防醫學院捨離居住五十年之水源地院舍而在內湖展開新頁，「國防醫學中心」可稱重建完成。

　　在整個重建過程中，爲擷取國內外各大學醫學中心之規

劃優點，吸取經驗並善用經費，以作爲「國防醫學中心」整建之參考，自規劃開始即先後參訪了美國十餘所著名的軍方和民間醫學設施，以及考察台北榮民總醫院、台大醫學院暨附設醫院、林口長庚醫院、台南成大醫學院暨附設醫院、高雄醫學院暨附設醫院等公私立單位，對其整建工程執行情形及內容進行多方了解以供借鏡參考，期望打造出所謂的「落後的優勢」之尖端重建景象。

重建「國防醫學中心」所耗用經費超過135億，總共歷經潘樹人、尹在信、馬正平、李賢鎧、沈國樑等五任院長策劃督導方才完成。「國防醫學中心」占地約四十公頃，其實本來應有約五十公頃，但被市政府劃去了一大片土地，導致原本規劃遷入的陸軍衛勤學校無法進駐，仍然留在桃園。除此之外，「國防醫學中心」的整建過程也並非完全順利，當1990年開工時，原本預定1995年可完成，但1994年後工程進度卻嚴重落後，而在1997年工程預定進度落後11.1%的情況下，雖改定1998年完成遷移，最後還是到1999年才完工搬遷。

「國防醫學中心」整建工程之落後，存有諸多的因素，馬正平院長的口述訪談記錄指出了一個重要原因，他說：[5]

後郝柏村升任行政院長，劉和謙接任參謀總長[6]，劉上將曾

---

[5] 〈馬正平院長口述訪談記錄稿〉，2011年7月21日，郭世清、林廷叡訪談，三軍總醫院3樓泌尿科辦公室。

[6] 劉和謙參謀總長之任期為1991年12月至1995年6月。

有停止興建國防醫學中心之議，致使院區一度半途停工，延宕至2000年才全部完工，工程經費總結達135億。

由於規劃及整建過程出現一些阻礙，從1983年的批准核定、1990年開工至2000年三軍總醫院遷入完成，共耗費十七年的時間，而這期間的水源地校區僅能從事整理和修補，不能新建房舍和安置設備。但與此同時，陽明醫學院、台北醫學院、台大醫學院皆持續地發展，其他私立醫學院的發展也不落人後，導致國防醫學院在競爭行列中受到延誤，雖然重建後的「國防醫學中心」擁有「落後的優勢」而展現出最先進和豪大的規模，至於延誤所造成之長遠影響則尚待未來的評估。

其實，原地整建與搬遷內湖兩案各有優劣之處，原地整建案本採一般大學獨棟式建築，有其優雅的一面，且發展較可持續不延誤，而搬遷內湖案則可獲得較寬敞校區，可提供學生較為寬敞的活動空間，視野開闊亦容易發展開闊的胸襟。當時建造內湖校區時，校區附近非常荒涼，沒有人氣也沒什麼建築，但今日校區附近已逐漸熱絡且豪宅林立，讓很多成員和校友感覺搬遷內湖可能是一項明智的抉擇，況且當時這樣的決定可能就只有一次機會，錯過也許就沒有了，特別是原地的陸軍工兵學校已預定南遷，稍作猶豫可能便另有規劃或讓其他單位捷足先登了。

2000年重建「國防醫學中心」的工程全部塵埃落定後，沈國樑院長提前退伍，並由張聖原代理院長至隔年真除。而在

2000年5月，國防部將國防醫學院改隸於國防大學，促使國防
醫學院的發展邁入了一個新的階段。

參、進出國防大學

　　2000年4月，國防部以（八九）易暉字第五三二七號函發
布：國軍成立「國防大學」之主旨，為建立宏觀、前瞻、創新
國際觀最高軍事學府，培育國軍建軍人才，擔任國軍智庫，以
提昇國軍高素質人力。其規劃構想為：國防大學採先併後簡方
式，由三軍大學、中正理工學院、國防醫學院及國防管理學院
等四校整併而成，各院校在不增設單位及員額原則下，建構具
軍事特色之綜合性大學。其預期成效為：成立後除強化原有理
工、管理及醫學等研究資源外，發展軍事學術、培育國軍各階
層重要幹員及智庫人才，以奠定國家安全與軍事學術等專業研
究基礎[7]。

　　國防大學係由原三軍大學改組而來，國防大學成立後，三
軍大學改為軍事學院，下設戰略學部、空軍學部、海軍學部、
陸軍學部，均為純軍職人員提供進修的機構，但並非屬於養成
教育性質，所以不在教育部大學規制之內，再加上國防大學初
創時因師資與院、系、所數量明顯不足，所以為能符合教育部

---

[7]　國防醫學院院史編輯委員會（2003），《國防醫學院院史續篇》，台北：
　　國防醫學院。頁383。

的要求標準，便將中正理工學院、國防醫學院及國防管理學院等具教育部要求標準的專門養成教育納入。

所以自2000年5月8日起，國防醫學院便隸屬於國防大學底下的一個學院。然而為什麼是這些學院被納入由三軍大學為構成基礎的國防大學呢？根據鄔翔的說法：[8]

在三軍各有軍官學校及技術學院，還有一個政工學校，都是教育部聯合招生的，編入國防大學應是名正言順，為什麼捨此不納？我想這幾個學校的首長及其校友都是帶兵的「正規軍」或是當權的軍官，明知吃不下去，只好挑幾個軟的吃，這是軍閥習性。那幾個學校又何愛多一個管他的婆婆？所以能各自為政，維持獨立的職權；而居於弱勢的幾個學院，有上級的命令、堅強的理由，你敢反抗嗎？

事實上，國防醫學院是一個擁有百年歷史的學校，而且在重建「國防醫學中心」之後已深具現代化的型態，本身即具備獨立的教育規模。然而在其他醫學院紛紛升格為大學的時候，國防醫學院卻從一個獨立的醫學院貶為二級單位，無怪乎學院成員及校友們會群情憤慨。

未納入國防大學前的國防醫學院院長沈國樑，表示在國防大學籌備過程的歷次簡報中，都未曾聽過其他國家有把軍醫列

_____

8 鄔翔（2004），《耄年雜記》第二集，台北：作者自印。頁221-222。

入於國防大學中的狀況；而成為國防大學轄下的國防醫學院院長張聖原，也指出在一次國防大學邀請美國國防大學兩位副校長蒞校演講時，他曾於演講結束後提問為何美國軍方的醫學院並未納入國防大學體系當中。可見國防醫學院對被納入國防大學體系一事是相當有意見，沈國樑便在一次會議中當眾舉手反對，但無奈政策已定；而國防大學校長也對張聖原表示將國防醫學院納入乃是出於不得已。

國防大學成立後，原獨立的中正理工學院和國防管理學院改為學校的理工學院和管理學院，而國防醫學院名稱則維持不變，直稱「國防大學國防醫學院」。會保留原有學院的名稱，係因當時教育部已承認國防醫學院為獨立教職自我資審的單位，如果更改名稱，則恐怕日後在資審上會造成行政方面的麻煩。因此，國防大學所擁有四個學院的名稱分別為軍事學院、理工學院、管理學院、國防醫學院，其中，除軍事學院是提供純軍職進修外，其他三個學院均屬教育養成部門。

然而自納入國防大學後，國防醫學院對外的行政作業經常顯得繁複，因為國防大學和軍醫局「同治」著學院，很多的作業流程所需時間可能要增加一倍，這在學院的運作上造成相當的困擾，而雙頭馬車的情形因現實體制的關係經常導致學院業務延宕，也讓學校行政甚感不便，所以國防大學與國防醫學院的磨合並不順利，雙方抱怨連連。

儘管如此，國防醫學院依然對國家社會表現出亮眼的貢獻，特別是在2003年對抗SARS期間的表現更突顯其獨特的重

要性。當年的4月24日台北市和平醫院封院，25日國防醫學院
即成立SARS緊急應變小組，並決議各項防疫管制措施。其實
在和平醫院封院當日，軍醫體系首長立刻被上級緊急召集研究
對策，25日晚上國防醫學院院長和軍醫局局長即受國防部要
求提出對應方案，儘管隨後行政院召集了各醫學中心負責人舉
行跨部會會議來研商，但是並沒有任何願意主動負起責任的聲
音，於是當時的國防醫學院陳宏一代院長便於會議上表示，
SARS是嚴重的國家災難，國軍不可置身事外，所以他建議由松
山空軍醫院（現為三軍總醫院松山院區）擔任專責醫院，若有嚴
重插管病患則後送三軍總醫院。當此意見提出後，各方醫界大老
皆表贊同，但這亦彰顯出國防醫學院在國難當頭的重要性。

　　4月26日中午，依會議要求的醫護人員全部都到松山空軍
醫院集合，待防疫工作說明會後即開始著手隔離措施動工安
裝，到了晚上便完成各項動線、清潔、消毒工作，同時準備可
以將病患移入，這般高效率的過程讓在場的衛生官員及幾位醫
學中心院長佩服。當天晚上陳宏一回到三總後，又接到總統府
電話再趕過去開緊急會議，直到半夜才結束，辛苦情景已可見
之，但陳宏一在其口述訪談記錄中仍回憶著說：[9]

　　當時的感想是，國家遭遇重大災難時，國軍責無旁貸，軍隊
是總統最後的籌碼。

---

[9] 〈陳宏一代院長口述訪談記錄稿〉，2012年3月9日，郭世清、林廷叡訪
　　談，三軍總醫院地下街星巴克（Starbucks）。

　　鄔翔判斷當時可能是因爲校友的努力，亦或是因高層在SARS事件中得到了啓示，國防醫學院從國防大學獨立出來的期望似乎出現了曙光[10]。這也許更包括了學院與校方在行政作業上磨合不順利的關係，於是到了2005年在張德明擔任代院長時，國防大學通過了國防醫學院自95年度起變更爲獨立學院，2006年1月1日國防醫學院奉令從國防大學編制中轉移，恢復原本的建制，回歸國防部軍醫局管轄。

肆、國防醫學院與軍醫局

　　觀察國防醫學院與軍醫局的關係，可先由歷任院長的經歷過程來標示出。國防醫學院遷台後一直是由盧致德中將擔任，1975年盧致德退職並專任榮民總醫院院長，學院院長由副院長蔡作雍中將代理直至1976年眞除；1983年蔡作雍任期屆滿奉調總統府參軍，由軍醫局局長潘樹人中將接任學院院長；1989年潘樹人退伍轉任板橋亞東醫院院長，由軍醫局局長尹在信中將接任；1991年尹在信退伍轉任學院教授，由軍醫局局長馬正平中將接任；1993年馬正平退伍轉任學院教授，由軍醫署署長李賢鎧中將繼任；1996年李賢鎧奉令調軍醫局局長，學院院長由軍醫局局長沈國樑中將接任。

---

[10] 鄔翔（2004），《耄年雜記》第二集，台北：作者自印。頁223。

　　2000年沈國樑退伍轉任學院教授，學院院長由副院長張聖原少將代理直至2001年真除；2002年張聖原榮陞軍醫局局長，由副院長陳宏一少將代理；2003年陳宏一榮陞軍醫局局長，由桃園總醫院院長王先震少將接任；2005年王先震退伍轉任台北醫學院教授，由副院長張德明少將代理直至2007年真除；2011年張德明榮陞軍醫局局長，由副院長于大雄少將接任；2013年于大雄退伍轉任國防醫學院教授，由軍醫局醫務計畫處處長司徒惠康少將接任。綜上觀之，國防醫學院自林可勝和盧致德兩院長後，1980年至今的歷任院長共計十二位，分別在國防醫學院的發展過程扮演重要角色。關於歷任國防醫學院院長的來龍去脈，可製表如下：

原職	院長	退職年	轉任
副院長	盧致德中將	1975年	榮民總醫院院長
副院長	蔡作雍中將	1983年	奉調總統府參軍
軍醫局局長	潘樹人中將	1989年	板橋亞東醫院院長
軍醫局局長	尹在信中將	1991年	學院教授
軍醫局局長	馬正平中將	1993年	學院教授
軍醫署署長	李賢鎧中將	1996年	軍醫局局長
軍醫局局長	沈國樑中將	2000年	學院教授
副院長	張聖原少將	2002年	軍醫局局長
副院長	陳宏一少將	2003年	軍醫局局長
桃園總醫院院長	王先震少將	2005年	台北醫學院教授
副院長	張德明少將	2011年	軍醫局局長
副院長	于大雄少將	2013年	學院教授
軍醫局醫務計畫處處長	司徒惠康少將		

　　檢視各任院長的前後職位，就國防醫學院與軍醫局之關係來看，潘樹人、尹在信、馬正平、沈國樑等院長，都是由軍醫局局長調任而來，而李賢鎧、張聖原、陳宏一、張德明等院長，均在卸任後轉調軍醫局局長，其間，李賢鎧和沈國樑屬於職務互調。就軍階編制來看，國防醫學院自林可勝以來的院長都為中將擔任，到了張聖原院長才開始轉為少將編制，至最後的司徒惠康院長均是如此。這般的轉變，主要係為配合國防醫學院納入國防大學體系的編制調整，理工學院和管理學院的院長亦編階少將，2000年國防部3月31日令：「國防醫學院院長職階降編為少將階，自四月一日生效」，所以沈國樑中將在學院被納入國防大學的前一刻便申請提前於4月1日退伍，而學院從5月8日起改隸國防大學。

　　1996年國軍準備實施精實案，而軍醫局是國防部內幾個率先實施精實案的單位，所以軍醫系統的制度也將進行調整，但是軍醫局局長一直都是編制中將官階。主要的調整是裁撤掉各軍種的署處，合併入軍醫局，同時也歸整合署成員一起辦公，經由這樣的改制後，軍醫局已成為軍醫的最高監督單位，所有關於軍醫的業務，都必須知會軍醫局。2000年國防醫學院納入國防大學後，便擁有了兩個上級單位，一個是國防大學，另一個是軍醫局，至2006年退出國防大學體系後，學院便恢復原本的建制，但院長仍是少將編階，而到了2008年2月時，國防部國醫管理字第0970001148號令即明確核定「本學院委任國防部軍醫局辦理」。

　　關於國防醫學院與軍醫局的歷史關係，可從其院長與局長的職務調動過程彰顯出來，這在蔡作雍院長的口述訪談記錄中便有如此說到：[11]

　　由於軍醫的出身多源自國防醫學院，所以醫學院院長為一具有尊崇地位的榮譽職，是以歷練過軍醫局局長，最後才擔任此職，故有提升學術研究之意味。以前局長和院長都是中將編階，如今僅剩局長是中將，醫學院院長則改為少將，所以職務上的異動自然就變成先擔任醫學院院長，然後才升任局長。

　　由此可知，早期能夠擔任國防醫學院院長是相當榮譽的，沈國樑也曾說過「1996年奉調接任母校院長，是一輩子非常榮耀的事情」[12]，後期當院長降編為少將官階時，院長轉任軍醫局局長時都以「榮陞」為賀詞，至此即能顯見國防醫學院與軍醫局兩者間的歷史發展關係。

伍、教育發展與醫療貢獻

　　自1980年代起，國防醫學院的教育結構亦配合著軍隊需

---

[11] 〈蔡作雍院長口述訪談記錄稿〉，2012年1月19日，郭世清、劉士永、林廷叡訪談，國防醫學院6樓生理學科6326研究室、王世濬教授紀念室。

[12] 〈沈國樑院長生涯歷程回憶稿〉，2011年8月25日，收稿地點：通識教育中心助理辦公室、院本部辦公室。

求和社會情況，持續地改變與發展。像是1981年衛生勤務專科班奉命恢復招生，至2000年衛生勤務專科班又奉命裁撤，這係配合軍隊勤務人員的需求所進行之調整。就教育發展來看，1970年代國防醫學院每年幾乎都能選送十六名學生出國攻讀博士，而出國進修碩士學位者更多，但是因政府經濟縮減的影響，便逐年減少甚至停送。為維持學院學生博士學位進修的機會，便改為擴充學院醫學研究所博士班的設置與招生，1982年教育部核准國防醫學院設立醫學科學研究所博士班，1990年國防醫學院與中央研究院共同籌辦生命科學研究所博士班，並於1992年正式開辦。

另外，為能符合國防軍陣醫學的發展特色，航太醫學與海底醫學這兩個極為專業的研究領域便成為必須進行的取向，所以在縝密的規劃下，1990年國防醫學院奉國防部核定成立「國軍航太醫學中心」和「國軍海底醫學中心」，並與三軍總醫院共同合作展開作業。隨著兩中心的發展漸形成，時任院長潘樹人便積極地推動其成為研究所的修編，當時也考量到未來搬遷至內湖院區應該會有更好的研究環境，於是開始計畫性地培育專門人才，為兩中心轉型為研究所作好準備。因此待一切準備就序後，1996年「國軍航太醫學中心」和「國軍海底醫學中心」即奉國防部核定編修為「航太醫學研究所」和「海底醫學研究所」，並於1997年開始招生。

航太醫學中心係以研發國軍航太軍陣醫學實務及航空醫學人員專業訓練為目的，而待航太醫學研究所成立後，便以

培養碩士級的高階航醫專門人才爲目標。同樣地，海底醫學中心亦是國軍特有軍陣醫學之一環，與發展潛艇醫學、潛水醫學、臨床高壓氧治療等有密切關連，因此海底醫學研究所的成立任務，係爲發展海底醫學培養優秀人才而來。然而在國軍「精進案」的規劃下，2010年奉國防部軍醫局國醫計畫字第0990008118號令核定，將航太醫學研究所和海底醫學研究所整併爲「航太暨海底醫學研究所」。除了合併研究所一案外，也將學院內的體育組修訂爲體育室，學員生大隊所屬學員隊修訂爲學員中隊等等，此時國防醫學院的組織架構如下圖所示。[13]

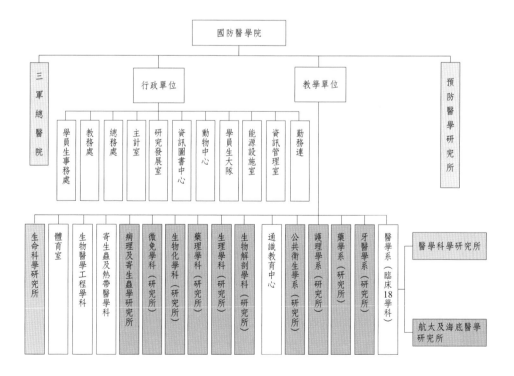

[13] 摘自國防醫學院申請改名「國防醫學大學」計畫書，101年10月17日。

　　國防醫學院的教育發展並非封閉於軍事體系內，相反地是一直朝向外部且受到肯定。1992年在教育部首次公告擁有自審師資資格的十所大專院校裡，國防醫學院即是其中唯一的軍事學校。1997年起學院各學系得招收自費生，1998年起開放醫、牙、藥、衛學系得招收女生[14]，當然同時也開放護理系得招收男生以示公平，自1999年起亦奉國防部令，自費生改由參加大學聯考並按志願分發入學。針對參加大學聯考的部分，在王先震院長的口述訪談記錄中便有談到：[15]

　　學院加入全國大專聯招體系，得以讓學院對收納新生，須與一般大學競爭好學生，此舉提升了學校的地位、增加了與其他醫療院校彼此切磋的契機，學院和三總全體同仁上下一心，為此付盡心力，成效極佳。

　　與民間學校或醫學院同樣地參與各式評鑑，也是國防醫學院得以自我提升與不閉鎖的重要原因。以針對醫學系的TMAC評鑑為例，最初並沒有把國防醫學院納入評鑑機制中，理由是

---

[14] 關於招收自費生和招收女生的情況，其實國防醫學院在遷台初期曾經存在過。譬如大陸淪陷後有許多醫學院校學生跟著政府到台灣來，為能解決其教育持續問題，1950年教育部便將他們分發來國防醫學院借讀，共十四名插班醫科學生且男女皆有；又如1950年國防醫學院奉國防部令不招收新生，但教育部以教育不宜中斷為由，洽請國防部以委託名義招收自費生，至隔年才恢復軍費生招生。

[15] 〈王先震院長口述訪談記錄稿〉，2012年2月20日，郭世清、林廷叡訪談，台北市立萬芳醫院。

因屬軍事單位的特殊性而排除於外，但當時的張聖原院長得知後便致電教育部TMAC負責人，表達國防醫學院應納入評鑑體制的意願，且強調評鑑內容必須與其他醫學院相同。這樣的堅持是避免讓國防醫學院淪為國內醫學教育的旁枝末流，而且期待學院不只是滿足國防部的要求，也要能夠符合國家的標準。在張聖原院長的口述訪談記錄裡即有這般說明：[16]

有些人認為國防醫學院何必自找麻煩，自討苦吃。但我當時感覺到國防資源在逐漸減少，學校能獲得的補助有日趨降低之勢，如果學校沒有任何外力來和其他醫學院校互相衡量的話，最終將會邊緣化。

於是，2003年國防醫學院接受了教育部委託國家衛生研究院辦理之為期三天的TMAC評鑑。除了TMAC評鑑外，學院在2010年亦接受教育部委託財團法人高等教育評鑑中心基金會舉辦之大學校院系所評鑑以及TNAC實地評鑑，而在2011年又接受了該基金會所辦理的校務評鑑。經過這些評鑑之後，已然證明了國防醫學院在各醫學院和各大學間的立足地位。

在總醫院方面，1988年成功地完成了首次心臟移植手術，奠定在台灣醫療發展史中的醫療貢獻。關於參與醫療救災過程，總醫院更經常是被動員的先鋒部隊，SARS期間是如

16 〈張聖原院長口述訪談記錄稿〉，2011年8月2日，郭世清、林廷叡訪談，台北市立聯合醫院總院長辦公室。

此,九二一大地震發生時更是如此,因為軍醫的快速機動性、依據命令行動的服從性、急救加護等特性,都在在地發揮了高度效用。像在九二一的震災援助過程中,軍醫連續四十五天參與國防部的救災會議,針對醫療救災的進度和狀況進行匯報與討論,直到衛生署規劃由特定醫院接手對災民的衛生保健照護後,軍醫系統才逐漸地淡出。又如2011年的南瑪都颱風對台灣形成嚴重威脅時,即由總醫院派出醫官與部隊派遣衛勤人員,共同組合成立了多處醫療站,不但是救災方面的機動性高,而且對災民的協助效果亦相當良好。

關於救災工作,目前仍主要是由國防部負責,因為救災視同作戰,不只是親臨最前線的官兵,軍醫也必須熟悉災區的各種狀況,模擬戰場的實際情形,才能臨危不亂。這般救災的醫療貢獻係與學校內之軍陣醫學的教育養成,實存有莫大之關係。

總之,國防醫學院的教育發展和醫療貢獻是有目共睹的,然而在努力及奉獻之際,學院仍有相當多的不足需要彌補,仍然遭遇到許多障礙需要去克服,這雖是學院發展的挑戰但或許也是一種推進的動力。因此,國防醫學院仍有相當多的發展空間,特別是作為一個「醫學中心」,對國家社會的使命將比其他醫院更加重大,所以學院的成長必須加快,障礙必須一一排除,只有這樣,邁向新世紀的國防醫學方可更為光明。

第七章

邁向新世紀的國防醫學

壹、現況

　　國防醫學院屬國防部轄下十三所軍事校院之一，旨在培養國家軍事醫療人才，因此在擔負的任務上與一般民間醫學院校不同。國防醫學院所產出的軍醫人力，在基於國防安全和軍事任務的前提下，除平時當國內面臨重大災難所必須參與支援協助外，戰時更須依國軍遂行的軍事任務過程來提供戰場醫療及傷患運送的處置能力與作為。因此，國防醫學院的成長和茁壯，可稱與國家的存續緊緊相繫，自1902年開校以來，每個時期的發展莫不是配合著國防建軍情勢之脈動，直至一百一十一年後的今日，亦是如此。

　　目前，依國防醫學院的組織架構，由院長綜理院務並設副院長一人襄助院務處理及掌理教學醫院，另外亦有教育長和政戰主任分別負責督導各單位業務工作之推展。在整個學院架構上共設有11個行政單位、18個教學單位（包括5個學系、11個碩士班、2個博士班）、以及2個直轄單位（三軍總醫院、預防醫學研究所）等[1]。此外，為配合國軍的精粹案規劃，軍醫局所屬的國軍松山總醫院及北投總醫院，自2013年起改隸國防醫學院直屬教學醫院的三軍總醫院之下，再者為配合國防部組織法調整，現行聯合後勤學校衛勤分部也將改隸於國防醫學院，並更名為衛勤訓練中心，以結合學院和總醫院、各地區總

---

[1]　國防醫學院全球資訊網，http://www.ndmctsgh.edu.tw/。

醫院來施以人員完整的醫院訓練實習，從而培養合格的專業救護人員。

　　校地的發展亦隨著院區的移動和國軍各醫院併入三總的調整而逐漸擴增，如現有的內湖院區面積有39.9公頃，而原本的水源地院區和三峽預醫所面積計有39.5公頃，再加上2006年併入的國軍基隆醫院5.9公頃、2009年併入的國軍澎湖醫院5.6公頃、2013年併入的國軍松山醫院5.2公頃及國軍北投醫院4.6公頃等，總計國防醫學院的校區已達91.2公頃。這龐大的校地及院區在當前不但能提供學生良好學習和充足實習的環境，並且也形塑出國防醫學院未來能夠持續發展的有利空間。

　　就學院的師生概況來看，據2012年底之統計，專任教師共有195位，其中具副教授以上的教師有100位，具博士學位之教師有135位，除此之外，亦聘有582位兼任教師參與教學工作。以現有學院的學員生計1836人比較之，生師比為9.4：1，這對教師教學與學生學習兩方面都將具有高品質的成效。目前大學部學生的來源，除了僑生係由教育部及僑委會辦理統一甄試分發入學外，一般學生（包括軍費生、自費生）均須經由學測採學校推薦與個人申請方式入學，而研究生中的軍費招生對象為現役志願役軍人，自費生則接受民間大學畢業生或同等學歷者報考。

　　事實上，不只是教師教學與學生學習的高品質呈現，在學術研究成果方面亦有亮麗的表現。根據國防醫學院從2002年

到2011年之統計，教師在學術研究論文的發表上平均每年有426篇，而近三年的統計更達平均532篇，這十年的論文發表趨勢圖如下：[2]

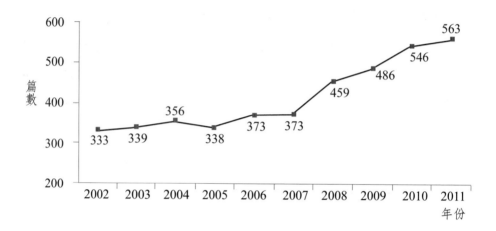

不只是研究論文的量的部分，質的部分更是值得讚賞。依據台灣財團法人高等教育評鑑中心以及中國校友會網發布最新《2012年中國大學星級評價—中國兩岸四地最佳大學排行榜》所分析的資料報告顯示，近五年來國防醫學院教師發表的研究論文在「平均被引用次數」項目上，在全國入榜學校中排名持續地保持第一或第二。

---

[2] 「國防醫學院論文發表趨勢圖」，摘自國防醫學院申請改名「國防醫學大學」計畫書，101年10月17日。

　　另外就研究經費看，近三年教師獲得學術研究計畫申請補助合計1464件，總金額約十億二千萬，經費補助情形如下圖：[3]

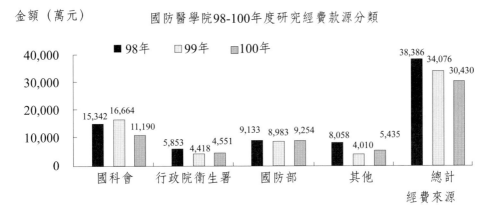

金額（萬元）　　國防醫學院98-100年度研究經費款源分類

經費來源

　　綜合觀之，國防醫學院的現況不論是在校地空間方面、師資和學生方面、學術論文發表和研究計畫獲補助方面，皆有令人側目的呈現，同時這幾年的院務發展，也設定朝向「具國際觀之現代軍醫培育搖籃、具國際聲譽之軍陣醫學研究發展中心及具國際競爭力之生物科技研發重鎮」之願景邁進。雖然擁有這些令人側目的現況，但是學院發展並非全都順利，諸多的危機和困境同樣存在於學院發展的各項過程中。

---

[3]　「國防醫學院近3年研究經費補助情形」，摘自國防醫學院申請改名「國防醫學大學」計畫書，101年10月17日。

貳、危機

　　儘管國防醫學院正持續地發展，但也伴隨著一些危機存在，概括來講，可約略地分為兩大困境：存續困境和發展困境。

　　就存續困境而論，國防醫學院係以發展軍事醫療為主體，其軍事任務為提供戰場醫療及傷患運送的處置，想當然爾，戰爭時期或局勢緊繃時期的軍醫便容易受重視，而承平時期則較容易受忽視，這即如馬正平院長的口述訪談記錄中所說：[4]

　　「槍響軍醫有地位，槍不響軍醫如同老百姓。」軍醫本身於戰時承負重要之特殊使命，而時局承平，則軍醫較無發揮的空間。當今全民健保時代，軍醫與一般醫師無異。

　　因此在兩岸局勢和緩的今日，軍隊大幅度地裁軍精實，現行的徵兵制也將由2014年的募兵制所取代（2013年由於募兵數量未達預期，國防部已宣布暫緩實施募兵制兩年），在張聖原院長的口述訪談記錄裡便有提到：[5]

　　在軍事人員急遽縮減的情境下，政府必定會考量國防部是否

---

[4] 〈馬正平院長口述訪談記錄稿〉，2011年7月21日，郭世清、林廷叡訪談，三軍總醫院3樓泌尿科辦公室。

[5] 〈張聖原院長口述訪談記錄稿〉，2011年8月2日，郭世清、林廷叡訪談，台北市立聯合醫院總院長辦公室。

仍有繼續保留醫學院的必要性。軍方的醫學人才是透過其他機構培訓較優,還是經由自己本身系統的養成較佳?此乃政府考量的問題點所在。

這般存續的困境,在蔡作雍院長的口述訪談記錄裡同樣有指出:[6]

　　另一讓人擔心的事情,目前兩岸和平,沒有軍事衝突,所以外界時有檢討國防醫學院存在的必要性,甚至出現裁廢的雜音。

　　也許國防醫學院的存續困境可能還只是一個假議題,畢竟國家不能沒有軍隊建制,而所謂「養兵千日、用在一時」,所以國防醫學院存在絕對有其必要性,何況國防醫學院及三軍總醫院一直對民間提供非常優良的服務,不單只限於軍方。然而對學院科系的存廢狀況卻曾經出現一個討論議題,即藥學系的停辦爭議,在尹在信院長的自撰回憶中就有這樣的說明:[7]

　　另一件事發生於我自軍醫局調回學院以後,幾乎動搖我校之體制。軍方可能受民間競爭之壓力,基於不與民爭利之考慮,有停辦我藥學系招生之議,意即我藥學系將走入歷史。此事非同小可,我出席副總長陳燊齡上將主持之會議中發言,大意是:我校

6　〈蔡作雍院長口述訪談記錄稿〉,2012年1月19日,郭世清、劉士永、林廷叡訪談,國防醫學院6樓生理學科6326研究室、王世濬教授紀念室。

7　〈尹在信院長自撰回憶〉,2012年2月16日,收稿地點:國防醫學院3樓院本部辦公室。

藥學系歷史悠久，成立在民前四年，抗戰期間供應軍、民藥品及衛材，厥功甚偉，如今仍支援榮民及景德兩大製藥廠，培養藥學人才無數，中外知名，今台灣大學藥學系主任陳基旺博士即為我國防醫學院藥學系畢業校友！說到激昂處，我道：「本學院就像我現在穿的一身軍服，四體俱全，倘若截去一隻袖子，還成何體統？」頓時會場爆出笑聲。陳副總長不以為忤，笑說：「好了，好了，我們再研究。」，此事也就消弭於無形。

這是一個警訊，亦刻劃出國防醫學院未來可能的存續困境，儘管事過境遷且水過無痕，但卻不得不讓全體國醫人時時地保持省思。

就發展困境而論，根據歷任院長的訪談記錄，普遍指出國防部劃撥給國防醫學院的經費和資源日益不足之危機，這一方面是因為學院規模的擴大，原本預估會隨著增加的員額編制與各種補助經費並未預期地成長，同時上級交付下來的任務卻是有增無減，所以經費等於是變相減少了；另一方面是國防部各種精進方案的實施，導致國防醫學院所能獲得的資源相對降低了，這對人才培育的品質將可能會產生不利影響。

這般經費相形縮減的危機是影響國防醫學院未來能否平順發展的一項重要因素，在教育部100年度校務評鑑委員意見及改進措施的記錄中，針對國防醫學院「校務治理與經營」部分，即有提出「該校受限於國防預算獲得與分配數，相關收入（如自費生學費收入）亦需繳庫而無法留用，可能影響院務發

展」之待改善事項[8]，這樣的意見已著實地反映出國防醫學院的發展困境。

　　國防醫學院自我定位爲教學研究型大學，其經管的財務資源係來自每年度約八億元國防預算的挹注，主要區分「人員維持費」、「作業維持費」和「軍事投資」三部分，其中作業維持及設備投資預算約三億元，國防部統一代編軍（文）職人員薪資約五億元。然而依據近幾年的資料，本校校務運作每年平均預算需求概約十二億元，差距的部分是靠著爭取以國科會爲主之國內外各學術及研究機構每年約三億餘元的經費補助。底下爲「98-101年度本校獲國科會等學術研究機構補助經費統計表」：[9]

98-101年度本校獲國科會等學術研究機構補助經費統計表

單位：新台幣元

年度	國科會補助經費	衛生署等其他補助經費	合計
98年度	167,845,000	181,335,296	349,180,296
99年度	178,627,986	146,163,017	324,791,003
100年度	196,033,889	161,997,268	358,031,157
101年度	134,311,341	80,166,592	214,477,933

備註：101年度各項補助經費截至101年10月12日。

　　由此觀之，學院經費係受限中央政府整體財政及國防年度

---

[8]　參見財團法人高等教育評鑑中心基金會網頁，http://www.heeact.edu.tw/sp.asp?xdurl=appraise/appraise_list9.asp&ctNode=1752&mp=2。

[9]　摘自國防醫學院申請改名「國防醫學大學」計畫書，101年10月17日。

財力獲得情形，尤其是施政優先的順序皆甚鉅地影響學院可獲經費之分配額度。其實為降低這般發展困境的衝擊，學院曾於2007年規劃成立校務基金，惟國防部教育主管機關對於國軍各院校成立校務基金，就政策、法制、財務及學校定位等限制因素統一考量下，迄今未同意可以設置。

所以學院除了每年僅獲國防預算近八億元的挹注外，財務規劃上仍朝「開源節流」、「自給自足」的方向努力。主要自籌財源包含研發管理費、場地使用管理費及代訓公費生補助經費，目前持續將研發成果技轉、動物中心、貴儀中心、戰傷中心及活動中心等現有設施設備使用辦理收費納入規劃。另外，學院也積極爭取教育部的各類教學卓越計畫補助，雖然尚有很大的努力空間，同時為能持續推動教學卓越務實踐履，也開始啟動校友募款機制，以降低國防預算對學院發展限制。

參、展望

根據教育部100年度校務評鑑委員意見及改進措施的紀錄所載，在「學校自我定位」部分，第一個所提出的待改善事項即為「該校SWOT分析中所列劣勢與危機大多源自於國防部相關法規及制度之限制（例如改制大學、軍職院長任期、師資培育管道及國際化等），未來校務發展將受其影響，惟尚缺乏具

體之因應對策」[10]，而學院對此之執行情況便包括「有關學院改制為大學之發展目標，本學院在校務發展委員會及專案工作小組的積極推動下，已初步規劃未來國防醫學大學將設4所學院（醫學院、生命科學院、藥學院、護理暨健康科學院）、2中心（通識教育中心、軍陣暨災難醫學中心），全案將依程序呈報國防部並轉送教育部審核」以及「本學院院長乙職，經國防部指導下，將自102年起改以文職人員任用，此舉為所有軍事院校之首例，希冀對本學院推展整體校務上能有更多助益」。一直以來，國防醫學院的歷任院長均為軍職所擔任（如下表），而文職院長時代的來臨，將會是一個新的開創階段。

針對國防醫學院的院長改為文職一案，在張聖原院長口述訪談記錄中便有提到：[11]

我退役後，曾有國防部的人來電諮詢關於國防醫學院院長改為文職一事的意見。當時此事甚多人反對，但自己持贊成態度，理由是即使院長並非出身於國防醫學院亦無妨，只要能率領國防醫學院往更好、更良善的方向邁進，院長人選不應加以限制。

對於文職院長時代來臨之展望是期待能提供國防醫學院發展的多元性思維，並且能夠推出長遠的規劃藍圖，以跨越出軍事

---

[10] 參見財團法人高等教育評鑑中心基金會網頁，http://www.heeact.edu.tw/sp.asp?xdurl=appraise/appraise_list9.asp&ctNode=1752&mp=2。

[11]〈張聖原院長口述訪談記錄稿〉，2011年8月2日，郭世清、林廷叡訪談，台北市立聯合醫院總院長辦公室。

歷屆院長職期表

序號	姓名	官階職級	任期
1	林可勝	軍醫中將	1947.06.01－1949.07.01
2	盧致德	軍醫中將	1949.07.01－1953.06.01代院長 1953.06.01－1975.10.01
3	蔡作雍	軍醫中將	1975.10.01－1975.12.31代院長 1976.01.01－1983.03.01
4	潘樹人	軍醫中將	1983.03.01－1989.03.01
5	尹在信	軍醫中將	1989.03.01－1991.12.01
6	馬正平	軍醫中將	1991.12.01－1993.06.30
7	李賢鎧	軍醫中將	1993.07.16－1996.07.01
8	沈國樑	軍醫中將	1996.07.01－2000.04.01
9	張聖原	軍醫少將	2000.04.01－2002.09.01
10	陳宏一	軍醫少將	2002.09.01－2003.06.01代院長
11	王先震	軍醫少將	2003.06.01－2005.06.01
12	張德明	軍醫少將	2005.06.01－2007.07.01代院長 2007.07.01－2011.06.01
13	于大雄	軍醫少將	2011.06.01－2011.07.01代院長 2011.07.01－2013.04.01
14	司徒惠康	軍醫少將	2013.04.01－

院校的傳統印象和限制。這除了持續培養及保持軍醫在戰爭醫療中的特殊性外，亦可避免於國家教育體系中被邊緣化的危機。

再者，針對改制國防醫學大學一案，學院也正如火如荼地進行中。在國防醫學院申請改名「國防醫學大學」計畫書裡，一開始即有這樣的緣起說明：[12]

---

[12] 摘自國防醫學院申請改名「國防醫學大學」計畫書，101年10月17日。

近年來，由於生物科技等各項科技之快速進展，醫學也因而朝向更為精細的專業發展；國內各大醫學院紛紛成立醫學大學，對醫學教育及研發投注大量心力。目前全國12所醫學校院中，除本學院與剛成立之馬偕醫學院外，其餘均已升格為大學，而本學院為唯一培育國軍軍醫人才之醫學院，也是唯一從事軍陣醫學研究發展之醫學院。

二十一世紀是一個知識經濟的時代，國際競爭日益激烈，為提升自我的競爭力，並使本學院教育的發展，在順應國家政策、國軍任務導向及多元社會發展的需求下，應積極作適切調整與前瞻規劃，故本學院於98~101學年度院務發展計畫中即自我定位為具軍事醫學特色之教學研究型大學，目標即希望邁向國防醫學大學。

是以，綜觀國內高等教育在教育部的挹注下不斷朝卓越大學發展，私立醫學高等教育亦是如此，原有的台北醫學院、高雄醫學院、中山醫學院以及中國醫藥學院皆於1990年代至2000年代完成改制醫學大學，而國軍軍事基礎院校在有限的資源及與民間學校的競爭下，除持續發揚既有教研特色外，還須不斷謀求革新與突破，特別是具有百年歷史的國防醫學院更應如此。

所以今日的國防醫學院正值組織調整之契機，希望能整合現有資源，將獨立學院改制為大學，並藉由整併單位過程中逐步檢討校地運用及人力資源整補等問題。據此，學院已經透過校務發展委員會及專案工作小組多次會議討論，決議以學校現有發展基礎，分別成立醫學院、藥學院、護理暨健康學院及生

命科學院，並以既有之學系、科、所為基礎，分別調整於這四個學院之下，除使組織架構更趨完整外，各項教案及資審作業亦能符合教育部三級三審之規定；另為配合國防醫學院發展特色需求及國軍任務需要，也預計將現有戰傷暨災難急救訓練中心更名為軍陣暨災難醫學中心，並隨單位駐地調整後，擴大其服務對象與容量，為國家各項救災工作提供更完整之訓練與服務工作。

國防醫學院現有5個學系、11個碩士班及2個博士班，改名國防醫學大學後，除通識教育中心及體育室外，將以現有學系所為基礎進行整合，另依國防部政策指導，未來將於醫學院下增設物理治療學系，並於通識教育中心下成立性別與多元文化研究所，此兩新設單位之計畫書已呈國防部審查中，因此國防醫學大學組織系統表將如下所示：[13]

總之，展望未來的發展，國防醫學院已經蓄勢待發，雖然還是屬於軍事學校，但卻逐漸呈現出最不像軍校的軍校面貌。這是因為國防醫學院早就置身在一般大學的競爭行列中，它必須不斷地蛻變，也唯有如此，邁向新世紀的國防醫學才能在國家的戰爭時期與承平時期裡屹立不搖。

---

[13] 「國防醫學大學組織系統表」，摘自國防醫學院申請改名「國防醫學大學」計畫書，101年10月17日。

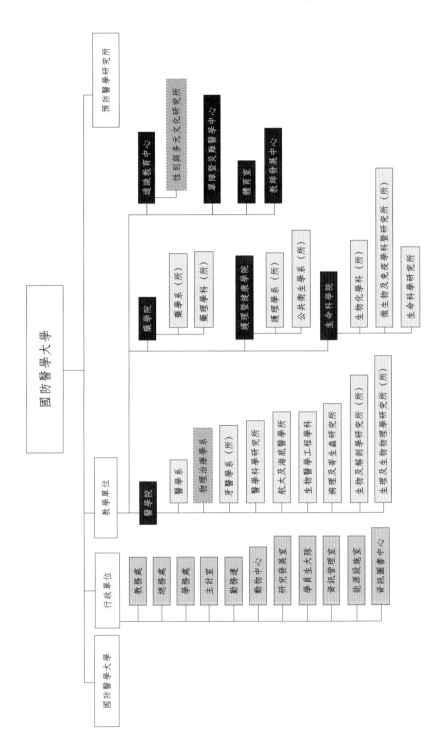

第八章

台灣軍醫發展的美式化

壹、前言

二十世紀的最後幾年，美國成立了一個名為「外國醫學教育及評鑑委員會」（NCFMEA），用以評估美國以外國家的醫學教育是否與美國相一致，而針對評鑑的結果，該委員會便將各國醫學教育區分為與美國「相容」和「不相容」兩種。這是以美式醫學為標準的評判方式，把美國醫學教育模式作為比較的範本，將世界各國醫學教育模式納入比較，並依該標準範本模式來指出差異與缺失。

在此般範本的比較下，當時台灣的醫學教育被歸為與美國「不相容」的類屬，同時該委員會也提出台灣醫學教育制度的種種缺失，這對長期自視為美式醫學發展的台灣醫學教育體系，無疑是一項打擊。因此，為改善這些缺失以「相容」於美國醫學教育系統，台灣的國家衛生研究院評鑑委員會即於1999年8月成立了「台灣醫學院教育評鑑委員會」（Taiwan Medical Accreditation Council, TMAC），開始針對台灣的醫學教育進行改革，同時也至各大學醫學院進行改革的總體檢。

施行的成果，或許就如前國家衛生研究院院長吳成文所說：[1]

---

[1] 吳成文（2007），〈美國在華醫藥促進局在台灣醫療社群所扮演的角色〉，收錄於李孟智編著《美國在華醫藥促進局與台灣》，頁33-52，財團法人李氏慈愛青少年醫學教育基金會出版。頁37-38。

2002年3月1日，外國醫學教育及評鑑委員會（NCFMEA）召開會議，根據台灣醫學院教育評鑑委員會（TMAC）所提供的最新資料，評估台灣用來評鑑醫師資格的標準是否與美國相容。根據台灣提報的最新訊息和資料，NCFMEA認定目前TMAC用來評鑑台灣各醫學院的標準與美國醫師資格授與的規範相容。

台灣終於又重回美式醫學的行列，並且戰戰兢兢的用TMAC不斷地督促自己，而作為台灣美式醫學灘頭堡的國防醫學院，當然也不能例外。TMAC施行之初，因軍醫人才培育的特殊境況，並未將國防醫學院納入評鑑行列，當時的張聖原院長認為不能讓國防醫學院淪為國內醫學教育的旁枝末流，而致電TMAC負責人來極力爭取納入評鑑，並要求評鑑內容必須和其他醫學院一樣。在張聖原院長的口述訪談記錄中，對此他即曾提及說：[2]

後來我打電話聯繫教育部TMAC的負責人賴其萬教授，當時兩人彼此並不相識。我表示要賴教授重新考慮將國防醫學院納入評鑑體制當中，此意見令他大感意外。我並要求評鑑的內容亦需與其他單位相同，不要特權。賴教授認為評鑑是艱鉅繁重的任務，詢問為何非得要參加不可，我回答只是因為不想讓國防醫學院變成國內醫學教育的旁枝末流，希望能維持於主流的地位，除能滿足國防部的要求外，也要能符合國家標準。

---

[2] 〈張聖原院長的口述訪談記錄稿〉，2011年8月2日，郭世清、林廷叡訪談，台北市立聯合醫院總院長辦公室。

　　2003年，國防醫學院接受並通過了TMAC評鑑，再度確認了與美國「相容」的醫學教育系統，美式醫學依然屹立於國防醫學院中，證明從在上海江灣成立至今已超過了半世紀不曾間斷。回顧過往，國防醫學院的美式教育發展有其歷史脈絡，早期軍醫學校受到協和醫學院師資影響便已呈現出英美派的跡象，遷台後的國防醫學院更以美式醫學之姿引領台灣醫學教育由德日派朝英美派轉向，因此為能理解這段歷史脈絡，就必須要重回過去，回到國府大陸時期的軍醫發展時代。

貳、軍醫教育的美式化

　　軍醫發展始自清末，而國防醫學院的前身即是創立於1902年的北洋軍醫學堂，民國建立後改名為陸軍軍醫學校，隨著進入了混亂的軍閥時代，軍醫學校的運作經常陷入危機，直到國民政府北伐成功後，制度化的發展方才逐漸成形。這過程或可如曾任軍醫署副署長之陳韜所稱：[3]

　　我軍醫制度，創始於清末小站練兵時期，惟當年限於軍醫人才，過分稀少，故雖具有軍醫之制度，並無軍醫之實質，此一時期可稱為我國有軍醫之制度，而無人為之軍醫時代。迨至民國開

---

[3] 陳韜（1989），〈近五十年來幾位軍醫先進〉，收錄於劉似錦編《劉瑞恆博士與中國醫藥及衛生事業》，頁63-65，台北：台灣商務印書館。頁64。

國後，軍閥勢張，部隊成為軍閥割據主力，軍醫亦隨成為各部隊長私人之夾帶，雖具有軍醫組織，卻無組織力量，此一時期，可稱為我國有軍醫組織，有人為，而無組織作為時代。此二時代雖有人為與無人為之不同，軍醫均無聞於社會，即在軍事上、部隊中，亦罕被重視，此二時代，可統稱為我軍醫黑暗時代。北伐告成，軍政統一，衛生署署長劉瑞恆先生，以軍事委員會軍醫監理設計委員會主持人身分，奉令兼任軍醫署長，以其過去曾任北京協和醫學院院長學人之潛力，兼以所轄衛生署、衛生實驗院、中央醫院之既有人力、物力，得以磅礴氣魄，恢宏計畫，期於十年內，奠定軍醫基礎，二十年內，使軍醫建設，邁入正常現象。

　　事實上，整個現代醫療制度的建制化也是當政府奠都南京後才開始。1928年國民政府頒布了衛生部組織法，1929年便成立衛生部並下設醫政、保健、防疫、統計等司來分掌各項衛生工作事宜，同時亦設立了中央衛生委員會、中央衛生試驗所、衛生行政人員訓練所，以及各省、市、縣衛生行政保健機構等等。至此，現代醫療制度已初具模型，而此般制度化的重要推手，便是來自美式醫學典範之協和醫學院的劉瑞恆。

　　劉瑞恆任衛生部部長後，除了致力推動國家醫療制度的現代化，對於軍醫制度的現代化也有深遠的影響。自北伐成功與軍政統一後，國民政府為打造現代化的軍醫陣容，在軍事委員會之下設軍醫監理設計委員會及軍醫總監部，並由劉瑞恆擔任軍醫總監來統理全國軍醫最高行政指揮監理事務，同時也兼

任軍政部軍醫署署長,所以當時的劉瑞恆可說是集全國衛生行政、軍醫指揮監督與執行等大權於一身之要角。1934年,劉瑞恆更以軍事委員會監理設計委員會總監身分兼任了軍醫學校校長,開啓了軍醫學校邁向現代化的發展目標。

出生協和醫學系統的劉瑞恆係以美式醫學模本來改造軍醫學校,在他兼任校長期間,大幅度地改革學校組織與教育計畫,幾乎撤換掉所有基礎醫學教師且引進許多協和醫學院師資,使軍醫學校徹底地改頭換面。在此之前,軍醫學校的課程和教學是深受德日醫學教育模式所影響,因此軍醫教育體制的變革也意味著軍醫學校邁進了一個新的發展階段。根據《國防醫學院院史》中所載,整個改革計畫的重要措施有下列幾項:[4]

一、重新策訂各科教育計畫,逐步實施。

二、派留美醫學博士沈克非爲教育長,實際主持校務。

三、撤換所有基礎醫學各科之教師,幾乎全部易人。

四、取消德日語文課程(醫科及藥科一年級之外國語文課程),改授英文。

五、借助中央衛生實驗院有關基礎醫學各科之人才設備,充實基礎醫學方面之各項實驗室。

六、以中央醫院爲教學醫院,醫科五年級學生全部派至該院,擔任實習醫師之工作。藥科四年級學生至衛生實

---

[4] 國防醫學院院史編輯委員會(1995),《國防醫學院院史》,台北:國防醫學院。頁12-13。

驗院中央醫院實習。

七、以南京市衛生局及江寧縣實驗衛生院為公共衛生實習
　　場所。

這些改革措施主要在於實踐美式醫學教育模式，包括教育計畫與課程、主管校務者和教師等都配合著美式化的教育轉變，同時也強化實驗與實習的重要性，讓學生由黑板教育進入實驗室教育，廢棄講義教學制而採用隨堂聽課筆記教學制，使之更能夠靈活地學以致用。這些措施毋寧都是傳續於協和醫學模式而來，致使軍醫教育烙上了美式教育的印記。

在〈于俊先生訪問紀錄〉中，即有提到「協和醫學院是美國洛克斐勒基金會所資助創辦，將美國醫學教育完完全全複製到中國」[5]。除了劉瑞恆出身於協和醫學系統外，1947年合併軍醫學校和衛訓所而新成立的國防醫學院，其院長林可勝、副院長盧致德，以及許多科系主管與教師都是來自協和醫學系統。因此，若稱北伐成功與軍政統一後的軍醫教育制度化是美式醫學模式的一個開端，則國防醫學院的成立便意味著這般美式制度化的成熟，而當國防醫學院隨著政府遷台後，更影響了台灣醫學教育制度化的美式走向。

協和醫學院帶給日後軍醫教育的最大影響，就是住院醫師

---

[5] 中央研究院近代史研究所（2011），《台北榮民總醫院半世紀：口述歷史回顧》（上篇），台北：中央研究院近代史研究所。頁209。

制度，根據施純仁回憶錄中所載：[6]

　　協和醫學院所實行的西方醫學教育訓練制度，日後影響最大的就是住院醫師制度，當時學生畢業之後即進入協和醫學院的附屬醫院擔任住院醫師，但他們是採一年一聘制，前兩年為助理住院醫師，第三年為第一住院醫師兼助教，三年之後才可以晉升總住院醫師兼助教，繼續留在醫院擔負臨床與教學的工作。整個醫院內、外、婦三大科，每年都只有一個總住院醫師的編制，因此競爭激烈，有人稱之為「寶塔尖制度」。

　　1947年創立的國防醫學院即是採取這套美式的住院醫師制度，凡學生畢業後便必須進行住院醫師訓練，訓練幾年後並表現優異者方能升上總醫師。在當住院醫師期間，必須二十四小時在醫院內值班待命，不得擅自離開且隨傳隨到，方能與病患密切接觸掌握最新病況，所以幾乎約兩個星期才能夠休到一天的假。這般景象是與德日派的台大醫學院不一樣，台大醫學院畢業的施純仁即曾指出台大的醫師有固定的上下班時間，晚上不須在醫院內待命，雖然1950年時台大也有類似住院醫師制度，但不過都是叫些年輕的醫師輪流值班而已，跟國防醫學院規定必須全天候駐守醫院的情形相差甚多。

　　伴隨著住院醫師制度而來的一些不明文規定，也是美式醫

6　蔡篤堅（2009），《一個醫師的時代見證：施純仁回憶錄》，台北：記憶
　　工程股份有限公司。頁164。

學教育影響的結果，像是住院醫師還沒有完成訓練當上總醫師前不能結婚的規定便是一例。在〈羅光瑞先生訪談紀錄〉裡即有提到此般狀況：[7]

> 我當住院醫師時，沒有什麼上班、下班時間，一天二十四小時隨傳隨到，也沒有禮拜六、禮拜天，等於一天二十四小時，一個禮拜七天都在工作。難得交個女朋友、看場電影，都得先跟同事商量：「我們兩個合作好不好？你幫我代兩個小時，我去看場電影就回來。」而且住院醫師也沒有資格結婚，幾乎可以說是不准結婚。如果你走外科，又在住院醫師階段結婚，大概就升不了總醫師了。不過，這種不人道的訓練方式卻是從美國學來的，因為國防醫學院的制度源自協和醫學院，也就是美式醫學教育。我出國之後，發現美國改了，後來我們也慢慢改變，現在住院醫師值班可以請人代班，升上總醫師之前可以結婚，結了婚晚上也可以不值班，大家輪流，這才是合乎人道嘛！

除了住院醫師制度外，另一個影響國防醫學院美式醫學發展的制度，即是專科制度的確立，協和醫學院畢業的張先林在任國防醫學院外科主任時，便積極推動外科專科醫師的訓練計畫，同時鼓勵醫學生往更細的分科發展。對此，《台灣外科醫療發展史》中便指出美式醫療制度對台灣醫學發展的一個重要

---

[7] 中央研究院近代史研究所（2011），《台北榮民總醫院半世紀：口述歷史回顧》（上篇），台北：中央研究院近代史研究所。頁13-14。

影響，在於跟隨新技術與知識引進的專科制度之確立，如「麻醉科、骨科與整體外科等專科制度的奠立，可說是在新科技的引進方面扮演著關鍵的角色」[8]。

此般美式醫學專科教育模式對戰後整體台灣醫學教育的影響，不只是體現在國防醫學院，也不只是侷限於外科，受到美援支助赴美考察的很多醫療人員，回台後幾乎都受到這種影響，像是台大醫學院的魏火曜便因此積極推動小兒科分科制度，在《魏火曜先生訪問紀錄》中，他即曾提及：[9]

我接手台大醫學院時，小兒科方面急性疾病大半可以治癒了，所以次專科（subspeciality）方面的疾病如心臟病、癌症等日漸重要。分科的構想並不是由我一個人提出來的，大家赴美考察後都不約而同有了這種想法。

由此觀之，美式醫學教育模式不僅影響著國防醫學院，更伴隨著國防醫學院的遷台而影響了台灣醫學教育制度，其中，原屬於德日式的台大醫學院之改變係更為明顯，特別是遷台初期國防醫學院對台大醫學院的協助和刺激，在在地加速了其美式醫學方向的變革。

---

[8] 蔡篤堅（2002），《台灣外科醫療發展史》，台北：台灣外科醫學會、唐山出版社。頁116。

[9] 中央研究院近代史研究所（1990），《魏火曜先生訪問紀錄》，台北：中央研究院近代史研究所。頁66。

參、台灣醫學教育的美式化

　　1949年政府遷台後帶進了國防醫學院，於是台灣醫學體系呈現出兩大系統，即從大陸來台的國防醫學院系統以及由日治時期延續下來的台大醫學院系統，而這兩大系統亦有著英美派和德日派的醫學傳承。戰後的台大醫學院，處處可見百廢待興，師資和制度在日人退出後都產生了問題，因此醫學院的各科主任大都只是畢業五、六年的年輕學者，相形之下，國防醫學院的師資與制度便比較成熟，各科主任大都是五、六十歲的教授。所以遷台後，國防醫學院就提出將兩院合併的想法，對此，李鎮源便有這樣的憶說：[10]

　　民國三十八年五月國防醫學院遷台不久，國防醫學院林可勝院長曾宴請杜聰明院長等人，提議仿照抗戰時期大學合辦的方法，合併經營台大醫學院和國防醫學院。當時，杜院長以軍方學校似乎不宜和一般大學合辦為由婉拒。

　　這或許只是一個推辭的表面理由，然在杜聰明的《回憶錄》中對此就強調「尤其是附設醫院主任均是年輕年齡，可能受老教授壓倒之顧慮」[11]，更甚者，杜聰明根本上就排斥英美

---

[10] 楊思標等編（1985），《楓城四十年：國立台灣大學醫學院四十周年紀念特刊》，台北：台大景福基金會。頁56。

[11] 杜聰明（2001），《回憶錄：台灣首位醫學博士杜聰明》（下），台北：

式的醫學教育模式，當然就會極力地阻止兩校合併的計畫。

　　概括地說，德日式教學多以演講爲主，且多採大班上課或大禮堂授課方式的「講座制」，一科一個教授而擁有絕對的權威，各科發展方向大都取決於教授個人的專業規劃，並以他爲中心來打造出一種集中且專精的研究體制，因此基礎訓練是深受重視的，其醫學教育事務是由各科教授所組成的教授會爲最高的決策主導。而英美式教學則是以實際演練爲主，採小班上課或小組教學方式以便學生隨時發問與討論，其重視實驗課程並偏重臨床訓練的學習，每一系科可升等許多教授，再由教授群中的教授來輪流當主任，所以是屬於集體領導式的「主任制」，醫學教育事務即由代表各系科出席的主任所組成的院務會議來決定。

　　德日式的教學是以德文爲主要的外語訓練，因爲日本醫學發展以德國醫學爲模本，而英美式的教學則當然是以英文爲主要的外語訓練。就教學所使用的教科書來看，在《魏火曜先生訪問紀錄》一書中便提到說：「大體而言，美國與德國教科書的差異，在於德文書寫法精簡，而美國教科書則十分詳細，有愈來愈厚的趨勢」[12]。根據魏火曜的說法，日治時代醫學院教授大都儘量講授自己的專業研究部分，一般醫學相關知識便由助教來講授，教授雖然也有到醫院回診的制度，但最多一星期

龍文出版社。頁192。

[12] 中央研究院近代史研究所（1990），《魏火曜先生訪問紀錄》，台北：中央研究院近代史研究所。頁56。

兩次，而美國的醫學院教授經常到醫院帶著實習學生巡診與討論，專業演講較少，較多是在病床邊的教育，「使學生在床邊『自己做而習』，並由討論『自己想而學』」[13]。

　　傳統德日式醫學的訓練並無住院醫師制度，醫學生畢業之後便可到醫院擔任無給職助教來輪班看病，在有給職缺額可補上之前是沒有什麼正式的待遇，所以生活過得相當清苦，然而助教兼看病醫師可一邊做研究一邊看病，表現優異者便可以留下來繼續做研究，往基礎醫學發展。英美式醫學的訓練是建基於住院醫師制度，凡醫學生畢業後必須接受住院醫師的訓練，當住院醫師是有待遇的，所以生活尚無問題，而二十四小時隨傳隨到和豐富臨床經驗的累積，使得訓練完成後即成為一個可執業的醫務者。因此，比較德日式醫學的訓練與英美式醫學的訓練，前者偏好培養醫學基礎研究者，後者則偏好在培養臨床醫師面向上。

　　國府遷台後，政府在經濟上接受美援的協助，也期待習慣德日式教育的台大醫學院能改為英美式體制，因此透過美援會選送了很多台大醫師到美國去遊歷與學習，當時的台大醫學院院長杜聰明也在1950年受聯合國世界衛生組織的補助到美國考察，但是回來後他仍舊堅持德日式的教育模式，進而引發政府改革台灣醫學教育的僵局。結果，杜聰明被迫於1952年辭

---

[13] 魏火曜（2008），《杏苑雜記》，台北：台大醫學院醫學人文研究群。頁10。

去了醫學院院長一職，接替他職位的魏火曜就明白地指出：[14]

　　錢思亮校長要我當醫學院院長是有原因的，那時美援會和台大當局希望改革台大日本式醫學教學，但杜院長和一批年輕醫師不願意改，所以無法讓他繼續當院長。

　　另外，在楊玉齡所寫《一代醫人杜聰明》的書裡，也提到根據杜聰明之子杜祖信所憶：[15]

　　當時杜聰明就曾告訴他們，要他去職的主要是行政院長陳誠，而歸其背後原因，應是和他不願配合當局的政策有關。

　　事實上，台灣美式醫學教育的規劃在國府遷台前就開始了，一方面是因為1945年日本戰敗撤離後醫學教育人才缺乏，一方面是美式醫學人才逐漸進入台灣。是以，台大醫學院的改革便在1949年初傅斯年接掌台大校長後開啟，據前台大醫學院病理系教授葉曙所認為，傅斯年早已有一個整頓台大醫學院和附設醫院的腹案，而幕後指點他如何進行改革的重要人士就是協和派的劉瑞恆，當時主要的改革可分三個步驟：[16]

---

[14] 中央研究院近代史研究所（1990），《魏火曜先生訪問紀錄》，台北：中央研究院近代史研究所。頁49。

[15] 楊玉齡（2002），《一代醫人杜聰明》，台北：天下遠見出版。頁244-245。

[16] 葉曙（1989），〈劉瑞恆先生與台大醫院〉，收錄於劉似錦編《劉瑞恆

　　第一步，要求醫學院所有各科都要把現有教員或醫師淘汰百分之五，去除只爲擔任一個名義而不好好工作者。

　　第二步，徹底廢止講座制。

　　第三步，建立住院醫師合同制。規定各科應有住院醫師的人數，廢止臨床各科的助教名稱，一律改編爲住院醫師，逐年淘汰，最後只剩總住院醫師，經過總住院醫師的人，才有資格升任講師。無給助教名額全部取消，不願充任住院醫師的有給助教暫時保留其職位，但將來不得升任講師。

　　這樣地改革，就是要讓台大醫學院往美式醫學模式的方向發展，若再包括早已美式化的國防醫學院，則國府遷台後的台灣兩大醫學系統在教育體制上便日趨一致，所以可稱整個台灣醫學教育已朝向了美式化。而在美式化的過程中，國防醫學院係起著領頭羊的效用，並且深深地影響著台大醫學院的改革。

肆、美式醫學的灘頭堡

　　國防醫學院隨政府遷移到台灣來時，大學教育科系包括醫科、牙科、藥學、護理等，一般醫學院的重點科系全然具備，醫科於1902年成立，藥學於1908年成立，牙科於1941年正式招生，1947年護理系大學教育開辦。相形之下，日治時

博士與中國醫藥及衛生事業》，頁127-132，台北：台灣商務印書館。頁127-128。

期台灣大學教育中並無牙醫系、藥學系和護理系，首先就牙醫來說，當時只要具醫師資格且曾於公立醫院實習牙科一年以上者，即可幫病人看牙，而雖然日本本地早有藥學科系，但因藥品可由日本供應所以並不在台灣設立藥學科系，至於護理教育一向不被日人所重視，當然也就不會有這樣的科系存在。

台灣光復後，儘管杜聰明還在當台大醫學院院長時已著手籌備牙醫系和藥學系，但直到1953年這兩系才陸續成立。而台大護理系是美援會為提高台灣護理水準而被要求於1956年成立，過去護理人員的養成都是在邊做邊學的訓練下完成，不但基本護理知識不足，地位也低，醫院更不關注護理設施的問題，這情況誠如擔任過國立護專校長的朱寶細所說：[17]

臺灣在光復之初，護理毫無地位，因為臺灣在光復之前，曾受日本統治五十年之久，那時日本婦女在社會上毫無地位，護理更無職業地位可言。醫院並無護理部，護士名為看護婦，屬醫師管理，除施行醫囑外，負責服侍醫師的生活起居，成為醫師的下女，醫院病人的生活全賴家屬照顧，醫院護理設備甚不齊全。

相對於此情景，周美玉所主導的國防醫學院護理教育，便擁有專業護理水準，這除了護理系學生都具備基礎的知識之

---

[17] 朱寶細（1989），〈劉瑞恆博士對護理之倡導〉，收錄於劉似錦編《劉瑞恆博士與中國醫藥及衛生事業》，頁115-117，台北：台灣商務印書館。頁117。

外，也擁有穿著得體與舉止禮儀等外在專業形象。關於台大醫
學院與國防醫學院對護理養成的這般差異，無怪乎施純仁會回
憶說：[18]

因此在國防醫學院，醫師對護理人員的態度也不一樣，在周
美玉的努力下，護理人員被視為專業人員而得到尊重，且被當作
淑女來看待，差異很明顯。

於是為改善台大醫學院的護理教育，特邀畢業於協和醫
學院的國防醫學院護理系教授余道真到台大創辦護理系，將美
式護理制度移植進台大醫學院，進而也促使台大醫院體質的改
變，但這些改變也引發一些不滿，特別是習慣於過去醫護關係
模式的醫師們。當時任台大醫學院院長的魏火曜即指出：[19]

在這些醫院的改進裡，我總覺得制度的改變為最難。護理部
改組後，一段時期醫師與護士對立，醫師們對「護士只關照病人
而不招呼醫師」的新制度大訴不滿。

國防醫學教育對台大醫學教育的影響力也在醫療技術方面
呈現出來，像是在1952年時，台大醫學院便派出三名外科醫

---

[18] 蔡篤堅（2009），《一個醫師的時代見證：施純仁回憶錄》，台北：記憶
    工程股份有限公司。頁182。
[19] 魏火曜（2008），《杏苑雜記》，台北：台大醫學院醫學人文研究群。頁
    63。

師到國防醫學院的外科學系進修麻醉學及實習,而國防醫學院也派出專業醫師至台大醫院協助其建立麻醉科。可見國府遷台初期,國防醫學院的師資與設備以及專業系科的完整性,在台灣醫學教育中皆具領先性的標竿。

另外,在台灣公共衛生的問題上,國防醫學院亦有相當的貢獻,儘管國防醫學院的公共衛生學系成立於1979年,但在此之前的各系學生均須接受完備的公共衛生教育訓練。台灣光復後,兩岸交流頻繁促使各類疫疾擴大流行,大量人口的移入也使衛生環境面臨極度的挑戰,針對這種情況,在1949年6月28日的《中央日報》社論中,即有如此地報導:[20]

各街巷堆滿垃圾,而且溝渠不通,臭氣洋溢,蚊蠅滋生,這現狀如果不變,台灣便將很迅速的變成一個藏疾納污的頭號垃圾箱,誰也不相信它是能夠支持大陸反共作戰的堅強基地。

因此政府遷台後,對公共衛生問題日趨重視,而國防醫學院的師生亦紛紛投入台灣衛生防疫相關事務,像是生物形態學系的許雨階主任,自1950年起即進行熱帶病害防治研究並帶領師生參與防癆工作,社會醫學系的師生更於1953年在台北木柵建立公共衛生實驗區,進行社區衛生調查與衛生服務工作[21]。此外,尚有諸多衛生防疫事務皆得見國防醫學院參與的

---

20 《中央日報》社論,1949年6月28日,版2。
21 蔣欣欣(2003)〈老協和精神對台灣的影響─英美護理教育的傳承〉,收

身影，儘管擁有軍醫身分的特殊性，但投入社區衛生工作卻都能不遺餘力。

事實上，國防醫學院對公共衛生的熱情投入其來有自，由於早期師資多來自協和醫學院，而協和醫學院除了致力於醫學研究外，更關心社區醫學的發展，1925年在北平建立了「京師警察廳試辦公共衛生事務所」，1928年結束試辦而更名為「北平市衛生局第一衛生事務所」。在《話說老協和》一書裡，曾任該所所長的何觀清便直接地指出：[22]

協和創辦於1917年，當年創辦這樣一所世界第一流的高質量的醫學院，目的恐怕並不在於培養善於行醫的醫生，而是要培養出對我國醫學和衛生事業發展有影響的人才

由此觀之，深受協和醫學模式影響的國防醫學院，對台灣的貢獻已不只是顯示為美式醫學的教育基地，更是美式醫學的實踐場域，其所影響的不只是台灣醫學的發展走向，更影響著台灣衛生防疫的網絡建構。

錄於余玉眉、蔡篤堅主編，《台灣醫療道德之演變》，頁41-68，台北：國家衛生研究院。頁55-56。

[22] 胡傳揆（1987），《話說老協和》，北京：中國文史。頁167-168

伍、結語：美援的推力

　　促成台灣美式醫學的發展，除了協和醫學的師資群之外，美援挹注也是一股重要的推力，而影響最大的兩個美援單位，即是美國在華醫藥促進局（ＡＢＭＡＣ）和中國醫藥基金會（ＣＭＢ），其間，美國在華醫藥促進局所協助的對象較偏向國防醫學院，而中華醫藥基金會的協助對象則較偏向台大醫學院。就國防醫學院來說，美國在華醫藥促進局是因應日本侵華而設立，有強烈的國府認同情感並隨政府遷移來台，所以對國防醫學院所要求的協助幾乎是有求必應，而中華醫藥基金會雖然在政府遷台時曾一度將支助目標轉向東南亞國家，之後也對國防醫學院的物資需求與人員培育多有貢獻。

　　魏火曜早已說過，美援會最主要的目的就是將台灣的醫學教育導向美式化，而黃崑巖針對ＡＢＭＡＣ的影響過程更清晰地指出：[23]

　　ABMAC的歷史跟著歷史的起伏而分成前後兩階段。前後段該組織的英文名稱同是ABMAC，這是命名的藝術，但前後的意義卻迥然相異。前段始於1937直至1949，ABMAC方面稱其為大陸階段，機構的目的由一批華僑與同情中國抗日的美國人士訂為資

---

[23] 黃崑巖（2007），〈我與ABMAC〉，收錄於李孟智編著《美國在華醫藥促進局與台灣》，頁61-72，財團法人李氏慈愛青少年醫學教育基金會出版。頁61。

助中國醫療消耗品為主。1949年以後國民政府因內戰敗退而移至台灣。從此ABMAC在這一塊土地由純物質的資助改為協助改善台灣的醫學教育及醫療制度，以及控制與撲滅境內地區的疾病。所以1949年是ABMAC前後兩階段歷史的分水嶺。ABMAC這兩階段的角色不同，表現在ABMAC五個英文字母所代表的字意：ABMAC的前段代表American Bureau for Medical Aids to China；後段歷史，該五個字母所代表的卻是American Bureau for Medical Advancement in China，兩者只有一個字的不同，但兩個階段的定義完全相異。

American Bureau for Medical Aids to China一般譯為「美國醫藥援華會」，而American Bureau for Medical Advancement in China則譯為「美國在華醫藥促進局」，但兩者皆簡稱為ABMAC。由黃崑巖的說明可知，美國在華醫藥促進局在1949年之後的目標，就是「改善台灣的醫學教育及醫療制度，以及控制與撲滅境內地區的疾病」，其中所謂「改善台灣的醫學教育及醫療制度」部分，其實就是美式醫學的複製，而受美國在華醫藥促進局影響最深的就是國防醫學院。

根據《美國在華醫藥促進局與台灣》書中的記載，由於外交部於2002年停止對美國在華醫藥促進局的所有贊助，2003年該局在美國總部與台灣辦公室同步閉幕[24]。這除了意味著美

---

[24] 李孟智編著（2007），《美國在華醫藥促進局與台灣》，財團法人李氏慈愛青少年醫學教育基金會出版。頁135。

國在華醫藥促進局對台灣的援助已功成身退，也意味著深受其影響的國防醫學院從大陸遷台後的半個世紀都在美式醫學的持續推力形塑中，因此國防醫學院不僅是政府遷台初期的美式醫學灘頭堡，更是美式醫學的在台典範。

　　新世紀所開展的TMAC評鑑，已通過的國防醫學院不過是再度確證了美式化的醫學教育模式，不同於其他一般醫學院校，由於軍事學校的特殊性，小班教學早已成為常態，住院醫師制度更是有紀律地執行。是以，國防醫學院早已歷史悠久地擁有美式醫學傳統，它不但引領著台灣醫學走向美式化，也是美式醫學教學的堅定實踐者。

第九章

軍醫在台灣的貢獻

壹、台灣歷史中的「領先」記憶

　　國府遷台之初，國防醫學院與台大醫學院並列為兩大醫療系統，這兩大系統除了有英美派與德日派之差異外，尚有龐大且資深的教授群與資淺且人力不足的教學陣容之分別。因此，國防醫學院對台灣醫療衛生與制度發展，在各個層面上都展現出相當程度的影響力，甚至擁有多項領先的紀錄，也許從現在的角度看，這些紀錄很多可能已成過往雲煙，但若回到歷史的當下，這些紀錄卻都是值得歌頌的貢獻。

　　所謂的「領先」，指的是國防醫學院在台灣醫療衛生與制度發展上的「濫觴」、「先河」、「第一」、「啓導」、「先鋒」、「嚆矢」、「開創」、「發現」、「首創」之事蹟，這些事蹟可概略地歸整如下：

1. 為台灣有規模製造無熱原注射液之先河。
2. 與中華民國紅十字總會合作展開作業，成立我國第一所血庫或稱血液銀行。
3. 為配合血庫之運作，首創試製抗凝血輸血瓶。
4. 學院對外發行「大眾醫學」雜誌，對民眾之衛生知識具開路先鋒的啓導效果。
5. 教學醫院附設民眾診療處，為軍醫服務民間社會之濫觴。
6. 台灣住院醫師制度推行之嚆矢。
7. 1950年代辦理國軍結核病訓練班，成為國內單一專科醫師

在職訓練之嚆矢。

8. 開創麻醉專業事業，並於1955年在教學醫院成立國內第一間麻醉後恢復室。

9. 1962年完成國內第一例開心房中膈修補手術。

10. 1967年成立第一個燒傷中心，以同時因應平時及戰時之需要。

11. 1970年引進國內第一部穿透式電子顯微鏡，並舉辦電子鏡學講習會。

12. 1984年創立國內第一個皮庫，自製醫用豬皮及研發皮膚細胞培養。

13. 1988年完成國內心臟移植的第五例，但卻是第一例成功長期存活之心臟移植病歷。

14. 1994年發現台灣首例愛滋病毒二型血清感染病例。

15. 1998年建立國內唯一之萊姆病感染診斷標準實驗室，首度證實萊姆病存在於台灣地區。

　　當然，國防醫學院對台灣的貢獻不止如此，也未必都在「領先」指標下進行，事實上，鑑於軍事體系習慣性的低調模式，更多的貢獻是在無數默默的工作中進行，等到奠定基礎後再由民間醫療事業體系接手。譬如2003年面對SARS的處境時，國軍軍醫便是扮演著這般角色，以致事後媒體細數抗煞功勞時，往往忽略了軍醫這群無名英雄。

　　儘管難以描繪出國防醫學院在台灣醫療發展中所扮演角色的全部圖像，但自遷台後的醫療貢獻還是能被約略地刻劃一些，而底下即是自國防醫學院院史編輯委員會於1995年所編

的《國防醫學院院史》中[1]，來選擇性地歸整出國防醫學院對台灣社會的重要事蹟及其貢獻。

貳、無熱原液和血庫的引入

在上海的國防醫學院成立後，由美國醫藥援華會提供的無熱原液製造設備、血庫設備以及乾血漿製造設備等醫療器材，原封不動地自昆明運至上海江灣，而當國防醫學院自上海江灣遷移到台北時，這些器材設備也運到台灣來，但因水源地校區狹小，負責這些設備的國防醫學院轄下之衛生實驗院，便暫時將之安置於借來的台灣大學醫學院部分房舍中。

無熱原液製造設備是用以生產軍隊需要的各種無熱原靜脈注射液，為重要的軍用醫藥物品，在1958年「八二三」金門炮戰時，因需大量的醫療急救藥物，衛生實驗院遂擔負供應靜脈注射液任務，日夜加工趕製讓供應持續無缺，使得醫療不虞匱乏，這也讓國防部對國防醫學院的製劑實力刮目相看。當時台灣尚無較大規模廠家可製造無熱原注射液，而國防醫學院不但獨具規模且所製產品精良，雖然到了1964年有了民間藥廠製銷可供軍用，但熱原試驗不合規定且品質不良，因此國防部乃於1966年下令，指定今後軍用大型注射液交由國防醫學院

---

[1] 主要參考於《國防醫學院院史》中的「校政紀年」、「事類紀實」、「人事存珍」及「各單位小史」的篇章裡所載記。

承製，並指定國防醫學院衛生實驗院爲動員之軍工廠。

　　由於無熱原液高品質的大量製造，故除了軍用之外，也供應民間醫療使用，以造福社會大眾的健康生活，如供應各大醫學院、馬偕醫院、省立醫院及省立婦產科醫院、紅十字會等大醫療機構，使之用於民眾的醫療過程，對當時的民間醫療貢獻極大。後來行政院退除役官兵輔導會醫院聯合製藥廠成立，便以國防醫學院爲指導機構，錠劑由藥學系指導，針劑由衛生實驗院指導，從而分出若干供應責任。

　　爲了擴大製藥規模，製藥廠開始不限於既有之無熱原注射液及血清與預防疫苗之產製，而致力於符合優良製藥標準的藥廠功能，1983年奉國防部令核定，衛生實驗院改制爲藥品研究製造所，之後由於業務範圍的擴增，同時中外製藥業在台設廠增多，使得無熱原液的生產逐日漸萎縮，甚至生產事業停頓而成了以研究軍陣用藥爲主的單位。

　　在無熱原液製造設備開始運轉的時刻，血庫設備亦與中華民國紅十字總會合作，於借用的台大醫學院部分房舍中漸次展開作業，但製造乾血漿設備則一直未曾啓用。血庫設備的運作使得我國第一個血庫銀行成立，其中的血清疫苗之培養與製造除了供應軍用外，產品供應對象也包括了各省立醫院及血庫、各榮民醫院、馬偕醫院、婦產科醫院、兒童醫院以及各衛生機構，隨後血庫組織陸續開設於全省各地的紅十字分會並發展成今日之輸血中心，拯救人命無數的景象在在地彰顯了國防醫學

院對民間醫療的貢獻。

為配合血庫之運作，國防醫學院亦首創試製抗凝血輸血瓶，在技術上克服了高度抽空之困難，因此不必依賴國外進口之輸血瓶（袋）而節省外匯。另一類自製產品為小型注射劑，包括有20%葡萄糖注射液以及吐根鹼注射液等，主要供應對象為各軍醫院、台大醫院、紅十字會血庫、馬偕醫院、省立婦產科醫院等，對軍中和民間的醫療過程具有相當大的助益。

參、政府遷台後之防疫任務的推手

由於台灣位居亞熱帶，時血絲蟲、恙蟲、瘧疾、痢疾、肺吸蟲等疾病甚猖獗，國防醫學院遷台後，為了能夠找出解決之道，當時的醫學生物形態學系主任許雨階及其教師便組成防治隊深入各地，如鳳山、潮州、金門外島等處，從事疫疾防治工作。在這些工作中，又以昆蟲學專家章德齡教授在屏東潮州等地區從事的防瘧工作，以及范秉真教官所進行台灣地區及外島金門澎湖血絲蟲病、恙蟲病之調查研究和施行防治等，績效顯著且最受人樂道。

在防瘧工作方面，國防醫學院遷台後即從事熱帶病害之防治研究，從1950年起先以鳳山營區為實施防瘧計畫，並與陸軍訓練司令部組設「聯合抗瘧組」展開工作，進行採血作瘧原蟲血片檢查，在營區及附近民眾居住地區普遍灑DDT，且每

週發給駐軍固定劑量Paludrine作預防瘧疾。當年年終所做的調查報告裡就顯示了臭蟲、跳蚤已絕跡，蚊蠅減少，瘧疾病患人數也已大幅下降，足見這種防疫作為有立竿見影之功效。因此，隔年國防醫學院即開設了抗瘧人員訓練班，抽調軍醫人員受訓，讓他們於結訓後返部隊積極擴展防瘧措施，而防瘧工作遂由軍中擴及民間，自此瘧疾終於絕跡於台灣。

在行政院衛生署出版的《台灣撲瘧紀實》一書中，便明確指出台灣瘧疾根除計畫自始至終軍方防瘧配合作業一直是不可或缺的一環，這係由於軍方單位遍布台灣各地，每一年又有成千成萬的新兵入伍服役，而駐守台灣瘧疾流行區的軍人每週均發給固定劑量的Paludrine作為預防措施，因此防瘧工作可擴張全台。1950年在鳳山營區實施的防瘧計畫，即使該區瘧疾罹患率由8%降至1%，成果相當令人鼓舞，而國防醫學院也被要求開辦為期三個月的瘧疾防治課程，訓練特選的野戰醫官協助防疫工作。

有關軍民合作之防瘧措施的協調會於1952年在台北召開，而隨後全國防瘧協調委員會成立，使防瘧措施開始制度化。防瘧協調委員會是由內政部、衛生署、省衛生處、軍醫署、國防醫學院、農復會、美國國際合作署、美軍顧問團、省瘧疾研究所及世界衛生組織瘧疾與昆蟲防治小組等單位代表組成，委員會維持到1955年疫情解除後才結束。

在防治血絲蟲病方面，事實上，血絲蟲病流行台澎金馬

地區已頗有年代但一直未能根除，政府遷台後，已注意到駐軍防衛之地多屬血絲蟲病流行地區，其病害之烈及傳染散布足以影響戰力。對此問題，國防醫學院便展開調查研究如何防範與治療之措施，其範圍包括台灣本島及離島各流行區域之軍人及民眾。1941年先在台灣南部進行調查，1942年起便先後在高雄、台南、雲林、嘉義及屏東等地擴大展開，隨後並及於金門、澎湖等地，過程中皆獲有數據顯示血絲蟲病的傳染途徑，而其防治方法係採用噴灑殺蟲劑滅蚊及給予居民和駐軍以Hetasan包衣食鹽服用，病患由此遂見顯著降低，功效也已彰顯。此後各有關單位繼續推行，數年之後血絲蟲病遂告根除，而國軍健康自此無慮，民眾健康也獲得了保障。

在行政院衛生署出版的《台灣撲瘧紀實》中關於血絲蟲防治一節，就曾記載說1953年范秉真等人於台灣南部八個鄉鎮進行血液調查，結果發現三處斑氏血絲蟲病傳染中心，傳染中心為台南縣仁德鄉及高雄縣岡山及鳳山。關於這項研究，范秉真自己也有一篇題為〈血絲蟲病研究之回顧—著重於金門血絲蟲病之根除〉專著發表，論文學術價值相當高。總之，國防醫學院策劃進行血絲蟲病之調查研究與防治，得當時之農村復興委員會、軍醫署、台灣省衛生處等機關之經費及藥物之支援，及駐軍與地方之協助，研究成果豐富且有效地鏟除血絲蟲病對台灣社會的威脅。

除了對抗瘧疾與血絲蟲之外，鼠疫也是撲滅工作的重點。遷台初期，金門發現鼠疫，國防醫學院隨即組成專家實地

進行防治工作，並開辦鼠疫防治訓練班，經由軍民聯合作業過程，有效地阻遏鼠疫流行，事後並設立管制機構，長期施行偵檢預防。由上觀之，戰後台灣的流行疫疾四處肆虐，播遷來台的國防醫學院便成為政府防疫作戰的重要幫手，其貢獻之鉅應載入史冊。

肆、軍民健康保健工作的推行

鑑於民間社會健康保健知識之不足，遷台後的國防醫學院在教學之外便致力於研究工作及社會服務，試圖以宣導衛生教育來促進國民健康，先後出刊《大眾醫學》及《醫藥世紀》兩種刊物，皆為對外發行之月刊。《醫藥世紀》為學術性之期刊，為醫學專案知識刊物，發行範圍較狹，而《大眾醫學》雜誌期刊則以傳導一般性的醫學常識為主，一經出版即風行社會，並成大眾所需求之優良讀物，故發行量甚大。

《大眾醫學》月刊於1950年創刊，發刊目的為「普及醫學知識」和「促進大眾健康」，所以文字與概念皆淺顯易懂，甚至當時被中小學校取為衛生教材，而民眾家庭訂閱踴躍，報攤也大量供售。《大眾醫學》月刊自1950年創刊後至1960年代間為極盛時期，不但是代表國防醫學院對外發行的刊物，也是國防醫學院推行社會衛生健康文化之表徵，這在當時醫藥知識刊物尚不普及的時代，可謂獨占鰲頭也。

　　基本上，《大眾醫學》包羅有關醫藥知識之傳播與介紹，如疾病防治、心理衛生、生理衛生、護病知識、新藥介紹、家庭醫學、婚姻講座、軍隊衛生……等等，並設「大眾醫學信箱」解答讀者詢問，是屬於多層面的醫學知識讀物，故廣受大眾歡迎。但是到了1970年後，各種知識刊物日益充盈於市，醫藥衛生雜誌及報刊專欄甚為普遍，《大眾醫學》也日漸式微了。儘管如此，從台灣醫療發展的角度視之，「大眾醫學」於啟發衛生知識於大眾是為開路先鋒，所以其社會之貢獻可說甚大。

　　除了發行健康保健知識的刊物之外，國防醫學院也將健康保健工作實踐於民間社會，譬如1953年社會醫學系便在台北市郊木柵鄉建立公共衛生實驗區，辦理社會調查，舉辦鄉村衛生業務，並供學生實習；1961年國防醫學院更設立「健康中心」，除擔負學院員生及眷屬之健康維護外，實際亦為教學與實習機構；此中心成立後，1967年即與台北市衛生局合辦「古亭衛生實驗中心」，擔任古亭區十個里民眾的衛生保健之相關任務，如家庭訪視、健康調查等。此健康中心營運跨越了三十年頭，直至1992年才被裁撤，其業務併於三軍總醫院家醫科中，足見其對社區醫療存有相當大的貢獻。

　　另外，1977年國防醫學院又與台北市政府衛生局合辦「木柵區衛生所」，負責木柵區之公共衛生服務與鄉村公共衛生的實習，當時該衛生所建築物等硬體設備皆是由盧致德院長募款所籌建，出力又出錢的景象勾勒出國防醫學院對社區健康

保健事務的重視。這般重視情景亦非只侷限於都市中，國防醫學院的醫療服務更遠達於新竹山地、離島、漁村。國防醫學院也舉辦「防癌刊車」巡迴宣導，推廣衛教可說不遺餘力，1992年後更成立職業病防治中心，推廣軍民和勞工的健康與安全教育，造福社會甚鉅。

　　然而，國防醫學院的健康保健工作還不只是針對社區，關於元首保健的工作，在過去長期以來便是國防醫學院的一大特色。實際上，過去軍政要員信賴國內醫術並選擇軍醫院就醫已為常態，像是國防部首任參謀總長陳誠上將的胃疾即指定國防醫學院的教學醫院來為之施行手術，而且療效圓滿，自此便受到黨政層峰的倚重，所以遷台後，國防醫學院即自然而然地擔負首長保健維護的任務。

　　榮民總醫院成立初期即是國防醫學院的教學醫院，主要醫師亦多為學院資深教官兼任，因各專科醫師受層峰信賴，所以也經常被指定為長官應診或遠行時的兼任醫官。例如蔣中正總統之口腔及義齒自早年起便由學院牙科教官曾平之醫師任診療及配製義齒工作，且經常為之維護與調整，又如眼科之林和鳴教授、耳鼻喉科之榮寶峰副教授以及內、外科多位專科醫師，也經常出入官邸如家庭醫師般地應召服務。

　　蔣中正總統晚年健康衰退，臥病時組成醫療小組，其人選多為國防醫學院的臨床醫師，包括有王師揆、陳耀翰、盧光舜、鄭不非、俞瑞璋、譚柱光，李有柄、姜必寧、趙彬宇、王

學仕等諸位教授、教官，他們也皆任有榮民總醫院職。而蔣經國總統之健康維護亦倚重榮民總醫院，當其晚年患病常住院療養以及後攖疾臥病在邸時，醫療小組的參與醫師有姜必寧、趙彬宇、金鏗年、趙退父等多位教授，並且每日例由榮民總醫院派定資深住院醫師在府邸病榻前留值照護。兩位國家元首的健康保健醫療團隊，當時都仰賴於國防醫學院的教學醫院，負責醫師亦多為國防醫學院的教授群或是所培養的醫師，由此可見之，國防醫學院係位居對元首保健的重要地位。

伍、開枝散葉的醫學領航者

國防醫學院在台灣的發展並非只是封閉於軍事體系中，為配合政府政策及社會需求，國防醫學院亦展現其影響力而向外開枝散葉，諸如協助榮民總醫院和陽明醫學院的成立，就是最鮮明的例子。

關於榮民總醫院的成立是源於政府為照顧國軍退除役官兵而在1954年設立的國軍退除役官兵輔導委員會，該退輔會先後在台灣省各地設立榮民醫院及就養機構，同時也準備籌畫設置大型的榮民總醫院。1957年醫院籌備處正式成立，並以國防醫學院院長盧致德為籌備處主任，而盧院長就在國防醫學院各學科專業教學人員中，選派適當者參與醫院籌劃設計工作，舉凡像房舍之區隔、工作區間之布局、器材之購置、員額編制之

設定，以至工作規程、報表格式之擬訂等等，無不細加規劃。

當時國防醫學院參與籌備之主要人員，略舉有外科張先林及其所屬專業人員，骨科鄧述微、胸腔科盧光舜、婦產科孟憲傑、麻醉科王學仕；內科丁農及其所屬有關專業科人員，神經精神科劉錫恭、朱復禮，眼科林和鳴，耳鼻喉科榮寶峰，牙科惠慶元，放射科管玉貞，病理科朱邦猷；護理部周美玉率同徐藹諸、關進恩、吳瓊芳主持建立最繁雜之護理及行政籌劃，醫院供應中心則由李愼述負責，營養部宋申蕃、檢驗部趙彬宇、生化檢驗柳桂亦皆參與其中；藥劑部則先後有李蔚汶及張祖堯，復健醫學徐道昌參與。

綜上觀之，對榮民總醫院的籌劃可說是國防醫學院全力建立之體制，待1958年榮民總醫院正式成立時，行政院便任命盧致德爲兼任院長，而各部門主管及主要人員也多爲國防醫學院人員兼任，並且又各自調配其屬員隨時服務，以致形成兩院一體的模態，而其中在籌備時的主幹人員到開辦後十年間還在擔任榮總之主導人者甚多，甚至很多是服務至退休年齡才離職。

退輔會鑑於榮民醫療事業之日漸擴大，需用人才日眾，因此擬籌辦醫學教育機構來培育專才，試圖利用榮民總醫院之設施與師資成立醫學院。於是，1971年成立「國立陽明醫學院籌備處」，而整個籌備工作均由盧致德主持，當時盧致德已經身兼國防醫學院院長及榮民總醫院院長職務，其綜理醫學教育及醫院行政經驗均相當豐富，而隨行參與籌備陽明醫學院的人

員皆駕輕就熟，也多是因出於國防醫學院而合作無間。1974年陽明醫學院完成籌建工作並開始招生，而首任院長一職是由國防醫學院醫科四十九期畢業之韓偉博士擔任，其各教學部門主管及主科教授亦大多爲國防醫學院教授及榮民總醫院各相關部科主任兼職，因此初期兩個醫學院是呈現著血脈相通的景象。

此外，在榮民總醫院成立之際，蔣宋美齡爲助患小兒麻痺症之兒童及成人等殘障醫療復健需求所創辦的振興傷殘復健中心，亦商請國防醫學院的優秀師資協助，如張先林便擔任著振興復健醫學中心的院長，而彭達謀亦於1969年接續擔任院長，陳耀翰擔任副院長。

除了上述這些開枝散葉的景象，國防醫學院也不吝嗇地協助其它醫學院建制所需要的醫療專業。國防醫學院開創麻醉專業事業，並先後於1954、1955年舉辦兩期麻醉醫師講習班以調訓軍醫院之主治醫師，更在教學醫院成立國內第一間麻醉後恢復室，安全措施頗爲嚴密，在當時的台灣麻醉學發展上係首屈一指。因此早在1952年時，台大醫學院便派出三名外科醫師到國防醫學院的外科學系進修麻醉學及實習，同時，國防醫學院也派出專業醫師到台大醫院協助建立麻醉科。在榮民總醫院籌備過程中，有關麻醉之設施均由國防醫學院的王學仕所策劃，並開設麻醉護士訓練班，待榮總開辦後，王學仕便以國防醫學院主任教官本職兼任該院麻醉科主任以迄退休。

再者，政府遷台初期台灣大學並無藥學系，而國防醫學院的藥學系卻已有超過四十年的歷史。所以當台灣大學藥學系在

1953年成立的初期，國防醫學院的藥學系老師也協助相關教學，同樣地，台北醫學大學藥學院於1960年成立之初，國防醫學院的藥學系老師也多給予協助，中國醫藥大學藥學系創立時，國防醫學院的黎漢德老師更是重要幹部，曾負責多門藥學專業課程並曾擔任該校之訓導長。

　　國防醫學院的護理系成立於1947年，遷台後成為台灣唯一的大學護理教育單位，因此對隨後各校的護理發展深具啓導作用，如國防醫學院護理系余道真教授便被邀請到台大醫學院創辦護理系，又如陶叔英、金春華、方惠卿先後擔任省立台南高級護理職業學校校長；桂萬鈞、酆夠珍先後擔任省立台中高級護理職業學校校長；張美芳任慈濟護理專科學校校長；夏萍絪、馬鳳歧、尹祚芊分別爲國立陽明大學護理學系主任、臨床護理研究所所長及社區護理研究所所長等等。這些林林總總的開枝散葉事蹟，均顯示著國防醫學院做爲台灣醫學領航者的角色，早已是毋庸置疑的歷史公斷。

陸、歷史中領先群雄的外科

　　軍事醫療首重外科，這是面對戰爭過程所必然的側重或偏向，國防醫學院是集合戰後各軍醫單位之構成，主要任務亦是在維護軍事人員的健康，故外科發展便相當地健全。遷台前，國防醫學院的外科學系在張先林的領導下已享譽盛名，遷台後，

國防醫學院的外科技術更對台灣外科學界產生啟導之作用。

外科學系主任張先林受美式協和醫學教育模式的影響，將上海時期已建立之住院醫師訓練制度在台推行，可稱是醫學訓練之嚆矢；又鑑於臨床專業之趨勢，開始將外科分次專科，分頭合進，開展台灣的專科醫師制度的雛型。這兩種制度的推廣，顯示出國防醫學院對台灣醫療發展的影響效果，而且台大醫學院在當時也只能亦步亦趨地調整改變，直至今日，住院醫師訓練制度和專科醫師制度已成為台灣醫學教育之理所當然的景象。

回顧過去，上海江灣時期的國防醫學院屬於協和教育系統的外科醫師們致力推動住院醫師的訓練制度，而這套住院醫師的訓練制度也隨著國防醫學院的遷台而帶來台灣，當時的住院醫師制度規定一天二十四小時都必須待在醫院裡，且要隨傳隨到。所有國防醫學院的醫科學生畢業後一定要接受住院醫師訓練，而且外科訓練過程也有一定的進程，依馬正平前院長的說法，從上海遷到台灣來時的外科醫師訓練順序，前兩年的住院醫師可以開盲腸與疝氣等這般小手術，然後持續增加手術訓練項目，在經過嚴格的淘汰過程，到了第五年的總醫師時已可以做到像胃部分切除、簡單的胃穿孔、攝護腺炎和甲狀腺炎等等，幾乎是都能做全外科的手術了。[2]

---

[2] 蔡篤堅（2002），《台灣外科醫療發展史》，台北：台灣外科醫學會、唐山出版社。頁146。

　　住院醫師訓練制度是著重實際臨床經驗之養成，因此所培養的外科醫師都具有獨立作業能力，不管是到醫院任職或自行開業皆能即刻上手，所以逐漸地成爲台灣醫療教育的標準模式。同樣地，爲了能夠專精化醫療處置能力，專科醫師制度也逐漸發展並成爲今日醫療教育的標準模式，而這醫療模式的源頭便是國防醫學院的外科學科，但這套制度並不是從大陸帶過來的，而是在台灣慢慢產生的。

　　外科學系主任張先林在1949年時已將外科分科，一般外科由文忠傑主持，自1950年代起更構想外科專科醫師制度，他先延攬了神經外科醫師王師揆，隨即安排盧光舜到美國學胸腔外科；1958年兪瑞璋到美國進修心臟血管外科，1960年回國後在榮總完成了國內第一例開心手術。張先林積極鼓勵醫學生往更細的分科發展，當醫學生升任主治醫師後，他便依照外科發展計畫來指派學生專修神經外科、心臟外科、泌尿外科等等科目。

　　從此開始，國防醫學院的外科已初步都有人負責專業的分科，如盧光舜做胸腔外科、鄧述微做骨科、鄭不非與姜景賢做泌尿科、施純仁做神經外科、兪瑞璋做心臟外科等，然後再由這些外科分科負責人進行各專科發展的任務，漸漸地打下了國防醫學院外科專科醫師制度的基礎。

　　根據鄧述微的〈張先林教授逝世三十週年紀念會演講

稿〉中即有指出，當時的分科專責有：[3]

科　別	人　員
一般外科	文忠傑、李新超、李杰、鐘均盛、沈國樑
骨科	俞時中、鄧述微、馬擢、楊大中、許萬宜
神經外科	王師揆、施純仁、鄒傳愷、吳志呈
胸腔外科	盧光舜、乾光宇、王丕延、唐森源、姜希錚
泌尿外科	鄭不非、呂曄彬、張正暘、馬正平、姜景賢、賴柮文
直腸外科	杜聖楷、周良騏、王振湖
整型外科	洪楚琛、章國崧、金毓鴻
手外科	張中序
小兒外科	樂亦偉、楊樹滋
麻醉科	王學仕、江福南、金華高、何維柏
物理復健	馮文江
心臟血管外科	俞瑞璋、俞紹基、張梅松、鄭國琪、鄭敏盛

由此觀之，在張先林的規劃下，外科次專科已漸趨規模，並且為國防醫學院的外科團隊的實力與風評，在台灣醫療發展上創造出一片天。

　　國防醫學院外科學科之領先群雄的醫療實力，自遷台起便已展現。1950年代由於社會與軍中肺結核病流行，開胸手術最早由盧光舜所發展，在經內科與手術治療雙管齊下，並隨環境衛生之改進，肺結核病遂成陳跡。1958年施純仁學成

---

[3] 本表係整裡自蔡篤堅（2002），《台灣外科醫療發展史》，台北：台灣外科醫學會、唐山出版社。頁150。

返國，協助台北榮民總醫院開設神經外科並於1960年接任主任，在職期間除積極發展腦脊髓手術外，更致力於神經外科學術之推動，諸如協助成立神經醫學會及神經外科醫學會而爲創始會員。

外科學科於1962年完成國內第一例開心房中膈修補手術；1967成立全國第一個燒傷中心；1984創立國內第一個皮庫並自製醫用豬皮及研發皮膚細胞培養。儘管國防醫學院教學醫院三軍總醫院在1988年才由心臟外科主任魏崢上校領導心臟移植小組，首次爲軍眷易辦女士進行心臟移植手術，此手術雖爲國內完成心臟移植的第五例，但卻是第一例成功長期存活的心臟移植病例，自1988年至1994年間，共完成五十六例心臟移植，其中一年存活率者高達百分之九十二，遠超過國內其他醫院之比例，亦較國際平均水準高出甚多。

綜觀國防醫學院外科學科的貢獻，除了住院醫師訓練制度和專科醫師制度的施行上領先群雄外，外科學術與技術更在歷史的紀錄中超乎絕倫，因此外科不但是軍隊醫療的標識，亦是國防醫學院的驕傲。

柒、結語

在台灣醫療發展的歷史中，國防醫學院有相當多的「領先」紀錄，儘管從現在的角度看已多淪爲過往，但具啓導之效

用確也流傳長久，甚至是影響至今。若撇開「領先」的部分，單就國防醫學院對台灣社會的貢獻來看，則更難以細數，一般所熟知者係包括「無熱原液和血庫的引入」、「政府遷台後之防疫任務的推手」、「軍民健康保健工作的推行」、「開枝散葉的醫學領航者」及「歷史中領先群雄的外科」等幾大面向，但這些面向每一個都深深地嵌入這塊土地上，在醫療社會裡烙下深刻的印記。

　　總之，遷台後之舉凡台灣醫學教育的制度建構、醫療資源與設施的開拓、社區醫療保健事業與防疫工作的推廣、醫療技術的創造與革新，國防醫學院皆扮演著重要的角色。說來也許簡單，但若從軍事機構的角色來定位國防醫學院，在國防軍事制度與要求的種種限制下，與民間自由且資源豐富的醫學教育體系相比，這些領先與貢獻實屬不易，然而國防醫學院確實做到了，且直至今日仍持續不斷地努力和發展中。因此，國防醫學院已不只是有著軍醫的成分，更有著與一般民間醫療機構相同的責任與義務，國防醫學院早已跨出了軍事國防意義，既擁抱社會也被社會所擁抱。

中華民國軍醫教育
發展百年大事紀要

年　份	大事紀要
1902	袁世凱於畿輔小站，訓練新陸軍，感於軍隊衛生為建軍重要之一環，奏准創立北洋軍醫學堂，於是年十一月二十四日成立，此為軍醫教育之嚆矢。校址設於天津東門外海運局，委徐華清為總辦，伍連德為協辦。開辦伊始，招收醫科第一肄業，期限為四年。
1906	學堂由陸軍部軍醫司接管，徐華清兼任司長，更名為陸軍軍醫學堂。新建校舍於天津黃緯路，添置圖書、儀器，方具規模。
1908	徐華清鑑於藥學之重要，而尚闕如，呈准增設藥科招生，肄業三年，此為我國創辦藥學教育之先聲。
1911	更名為陸軍軍醫學校，是年夏，徐華清離職，由醫科第一期畢業留日同學李學瀛繼任，奉教育部頒教育綱領，釐訂教育實施計畫，按步施教。所有授課實驗步入正軌，並設立附屬醫院，學生臨床實習場所，組織臻於完善，在職四年。
1915	由全紹清繼任校長。全氏旗籍，係海軍軍醫學堂畢業，曾赴英考察醫學教育，思想維新，所獲心得甚多。
1917	是年冬，綏東發生鼠疫，奉命組織防疫隊。全紹清率領教官及高年級學生，馳往防治，疫癘得以阻遏，克奏膚功，校譽遠播塞外，或當軸嘉獎。
1918	秋，新建校舍竣工，由天津遷至北京施教。新建校校址為北京東城六條胡同北小街地段。
1921	冬，東三省鼠疫竄行，死亡枕籍，本校命組防疫隊前往防治。由軍陣防疫研究科主任教官俞樹棻率領馳往防治，期月而阻遏疫癘，活人無算，造成驚人績效，政府嘉獎，地方感頌，友邦一致欽讚。是年冬，全紹清調升教育部次長離職。
1922	春，戴棣齡繼任校長。戴氏留學日本，長崎醫科大學畢業。時北京政府政治腐敗，派系傾軋，軍閥割據，兵連禍結，雖欲謀發展，奈環境惡劣，無由施展，僅任職一年即辭去。
1923	張用魁任校長（醫科第一期畢業），亦因處境艱難，經費支絀，僅維持現狀，任職一年即辭去。
1924	張修爵任校長，處境乃艱困，校務日形衰頹，任職年餘即辭職。
1925	任梁文忠為校長（醫科第一期畢業），處境亦艱，僅數月即辭職。
1926	夏，任陳輝為校長（醫科第一期畢業，留美，哈佛大學進修）。彼時政治極度混亂，陳氏雖有抱負為母校服務，竭力維持現狀，幾不可能，撐持至十六年底離職。

1927	年底，北洋政府由奉軍所組成之安國軍把持政權，派其舊部魯景文為校長，到任後無有作為。十七年春，魯隨安國軍退出北京返關外，不辭而去。組織維持會繼持校務，推由主任教官張仲山主持會務。
1928	夏，北伐軍事底定平津，旋東三省易幟，全國統一，學校改隸國民政府軍政部。發表張仲山為校長，祇以人望不孚，學生反對，乃郝子華為校長（醫科第八期畢業）。郝氏因籌組軍政部軍醫司而任司長，未能到職。繼任楊懋為校長，又被學生所阻，校長職務權由醫科科長林鴻代理。
1929	國民政府勵精圖治，鑑於戴棣齡學術精湛，眾望所歸，為適當人選，再聘以校長職。據醫科第十八期同學景凌灝陳述，為增進學術水準，於是年將醫科肄業期限由四年改為五年，所增一年為醫院臨床實習；藥科由三年增加一年為四年。是年冬，戴氏返江蘇故里，以年邁體衰辭職，校務又由醫科科長林鴻暫代。
1930	再度任命陳輝為校長。以戴氏陳規，並參照國際醫學教育趨勢，循序改進，校務頗成新氣象。
1931	學生入校後，奉部令以四個月實施入伍訓練。此後本校招生新生，均照此規定實施入伍訓練。是年秋，日本軍閥侵略我東北各省，是為九一八事件，陳氏調升軍政部軍醫司司長。
1932	嚴智鍾任校長。嚴氏係日本東京帝國大學醫學部畢業。時日寇謀我日亟，擴大戰爭，沿長城各口入侵。國軍於喜峰口、古北口抗戰，予敵重創，傷亡頗眾。
1933	駐北平之各軍事學校處於危城，有礙教育進行，故先後遷至首都南京。本校於是年暑假遷至南京，指定漢府街前陸軍第三軍醫院院舍（簡稱北校）及東廠街前江蘇省立工業學校校舍為校址（簡稱南校），低年級在南校上課，高年級在北校上課。
1934	本校改立軍事委員會軍醫設計監理委員會，由監委會主任員劉瑞恆兼任校長。劉氏為我國現代醫療事業拓荒者之一，亦為英美醫學教育制度推行於我國之早期領導人，曾任北平協和醫學院院長。時劉之主要職務為衛生署（後改為部）署長，另身兼中央醫院（國立醫院）院長、中央衛生實驗院院長、軍醫署署長、禁煙委員會委員長、軍醫監理委員會主任委員及軍醫學校校長等九職。劉氏接長本校之初，將所有教職員進行撤職，曾遭部分校友及在校師生之反對，一度掀起學潮。
1936	十月，本校以作育之醫學人員畢業後不僅分發陸軍工作，並分派至海空軍服役，故更名為軍醫學校。
1937	二月，本校校長由軍事委員會委員長　蔣公兼任，授權教育長全權處理校務，電召張建任教育長（醫科第十五期畢業，留德，柏林大學醫學博士及哲學博士）。是年七月七日蘆溝橋事變，烽火迫近京畿，學校奉命南遷廣州。於九月底到達。

1938	四月，西南戰區戰事益繁，日寇至惠州登陸，軍醫學校籌備內遷，奉准先遷廣西。經派員前站擇定桂林、陽朔及大墟三地，乃由水運經梧州轉桂林。五月一日，中國紅十字會總會救護總隊總隊長林可勝先生奉命籌組戰時衛生人員訓練機構，遂組成「內政部戰時衛生人員訓練班」成立於長沙。
1939	抗戰步入第二期，日寇侵略漸入內陸，經呈准軍醫學校以貴州遵義或安順兩縣為最後據點。派教務處長于少卿偕同主任教官萬昕為前站，前往查擇校址。據電告，遵義已由其他軍事機關駐入；安順縣北門外之桂西營房地曠屋多，堪作校舍。二月中旬教育長張建抵達貴州安順，師生於離亂中達別月餘，官員學生聞訊，群圍歡呼相迎，有如家人重聚，情況感人。衛訓所輾轉遷徙，遷至貴州省貴陽之圖雲關。衛訓所改組為「內政部軍政部戰時衛生人員聯合訓練所」。
1940	時全面抗戰日益緊張，野戰部隊及後方醫療機構均急迫需要醫事人員甚眾。為因應軍中需要，軍醫學校奉命擴大招生暨增設科系。自本年起，每年招生二次。以限於設備，醫科仍招六十名，藥科仍招三十名。後創辦牙科，由謝晉勳為主任，張錫澤、戴策安等分任教官。衛訓所改為「軍政部戰時衛生人員訓練所」，直轄軍方，主任以軍職任用，並以軍政部軍醫署署長盧致德兼任副主任。
1941	軍醫學校為實施研究發展與因應戰時國軍需要，另創辦三個研究所。一為藥品製造研究所，由藥科主任張鵬翀（岳庭）主其事。二為血清疫苗製造研究所，由細菌系主任李振翮教授兼任。三為陸軍營養研究所，由生物化學系主任萬昕擔任。
1942	林可勝先生辭去中國紅十字會總會救護隊總隊長職務，專任衛訓所主任。張先林專任副主任。
1943	七月，衛訓所擴大編制，改稱為「軍政部戰時軍用衛生人員訓練所」。九月，衛訓所主任林可勝先生辭職。
1944	三月，盧致德先生繼任衛訓所主任，柳安昌任教務處長。
1945	五月，原「軍政部戰時軍用衛生人員訓練所」，奉令改為「陸軍衛生勤務訓練所」。秋，日本遭受美軍兩顆原子彈襲擊，八月十五日日本宣布無條件投降，抗戰勝利，舉國歡騰。軍醫學校時駐昆明第二分校併入本校，學生編入醫科第四十六期畢業。教育長張建飛往上海，參加軍醫會議，旋奉命赴員上海市江灣。
1946	開始釐訂遷校計畫。各部門準備復員行動。軍醫學校教育長張建於二月飛往上海市江灣主持一切，並由藥品製造所張鵬翀負責運輸人員物資，分七批輸送。在重慶、漢口、南京等地派遣前站人員設站照料食宿，於三月底全部安全到達上海江灣。以前上海市市中心區之上海市立醫院及日據時之軍醫院為校址，挪當就緒，弦歌復唱。「陸軍衛生勤務訓練所」奉令復員遷上海。

1947	是年六月一日,軍醫學校與陸軍衛生勤務訓練所、軍醫預備團等合併改組為國防醫學院。兩大機構共同商定編法,並議定以本校創校之十一月二十四日為國防醫學院院慶日。六月一日國防醫學院正式成立。院址設於上海市江灣「市中心區」市立醫院原址。校舍廣闊,占地一五○萬平方公尺,為理想之校區。奉國防部(三六)署厭字第二一七一號寅梗署漢代電核准頒訂編制,計官佐一千四百一十四員,學員一二二○員,學生三七八○名,士兵一七八○名,共計八一九四員名。由軍醫署署長林可勝兼任院長,副院長則由原軍醫學校教育長張建、陸軍衛生勤務訓練所主任盧致德分任。本年八月初招收醫科第四十八期、牙科第七期、藥科第卅五期,同時第一期護理科招考高中畢業女生,教育四年,予以大學畢業之學資,此為國內舉辦大學程度護理教育之創始。
1948	院長林可勝呈准派副院長張建赴歐美各地考察,蒐集資料。至翌年春共黨叛亂,各戰場戡亂戰事失利,張氏返國後遂以外職停役,應召就任廣東省政府委員兼教育廳廳長,致考察所得未有結論提供參考。
1949	赤燄猖披,時局日益動盪,政府於年前已有遷移之議,令本學院亦為遷移之計,使教育不致中輟。時廣東方面尚稱寧靜安穩,本學院擬定分兩處遷移,院部設於台北,為基礎教育重心;一部分遷廣州,作後期教育樞紐,便於學生分發實習。嗣京滬告急,而台灣設營亦大致就緒,時軍運頻繁,船隻已調度不易,經力向上海港口司令部交涉,始得實施遷運,綜計遷台人員有官員學生士兵及眷屬三千二百餘人,器材物資及裝備百餘噸。策定分三批運輸,上海港口司令部派安達輪運送台灣,第一批於二月十六日抵台,第二批於三月十六日抵台,第三批於五月四日全部到達台北水源地現址。而廣州設營組,以時局日非,高年級學生後期教育在廣州施行之計畫不得不中止。國防醫學院奉分配台北水源地營舍,原係日據時期日軍砲兵聯隊營房,占地二甲餘,光復後曾作台灣省訓練團團址,停辦作為大陸撤退來台之本學院院舍。除一棟兩層大樓外,餘為平房數棟,大禮堂為木結構大堂。與上海院舍相較,大小懸殊,如何容納遷來之員生眷屬大有困難,除水源地本部外,尚有新店清風園小部營舍則作為入伍生隊及衛勤訓練班用,此外另借用台灣大學醫學院中山南路部分房舍,臨床部門則設在小南門總醫院。美援剩餘物資之「活動房屋」正加緊興建,須至次年方能竣工。六月奉聯勤總部三十八年五月軍字第六○七三三七號令頒編制員額縮減,但組織型態未嘗更改,並將第五總醫院(後改稱八○一總醫院,再改為三軍總醫院)、軍醫署衛材總庫配屬本學院為教學實習院庫。另洽准台灣省立醫院為實習醫院。林可勝先生亦於同時辭去軍醫署署長職務,專任本學院院長。嗣於七月應美國伊利諾大學之聘擔任客座教授,從事研究工作,奉准赴美。出國期間,院長職務由副院長盧致德代理。張副院長已因他就離職,副院長職務由辦公室主任彭達謀升任。

1950	本年國軍人事凍結，暑期不招考新生，教育部鑑於本學院師資設備尚稱完善，而台灣醫事人員缺乏，經函准國防部委託代辦自費生，始得招考醫科第五十期、牙科第九期、藥科第三十七期、護理科第三期、高級護理職業班第七期等學生入學肄業。（翌年人事凍結解除，各該期班學生依志願改為軍費生）。本年五月，為促進國軍及民眾之健康，改善鳳山營區衛生，得美國醫藥助華會資助，與陸軍訓練司令部組設鳳山聯合抗瘧組，由本學院派醫學昆蟲學教授章德齡主持該項工作，普遍噴灑DDT，作瘧原蟲血片檢查。事後根據年底之調查報告，臭蟲、跳蚤已絕跡，蚊蠅減少，患瘧率已大為降低。
1951	十月，遷台後政府厲行減縮員額，撙節開支，本學院成立時編制已自遷台後修訂，教職員官佐員額已減半，成為七百八十六員。茲復奉聯勤總部本年十月綱偉字第五七五號代電頒布本學院編制員額再行縮減二百九十九員，成現行編制教職員官佐四八七員，惟組織形態不變。本學院隨政府播遷來台，軍公教人員待遇菲薄，生活清苦，各級教學人員醫術各有專精，為使其安居樂業，亟需設法補助，藉以維持其最低生活子女之教育費用。經呈准於小南門第一總醫院（教學醫院）附近以二層活動房屋二棟設置病床十九張，成立中心診所，公餘為民眾執行醫療服務。血絲蟲病為害人體甚劇，在大陸時各省同胞患者甚眾。台灣早年即有文獻報告，惟本島民眾中此疾患病率若何，迄為一謎。本學院對此問題甚為重視，為明瞭此疾在本島及離島各地民眾及軍人中傳染之實際情況，特於本年派醫學生物學系教官章德齡及范秉真著手此病之研究，先至台灣南部進行。海外華僑熱愛祖國，多遣其子弟返國求學，經僑務委員會會同教育部函准國防部，飭由本學院自本年起接納習醫僑生來院就學，本年分發來院就讀者五人，本學院自此有僑生。
1952	福建省金門縣數十年前曾有鼠疫流行，年來該地區為反攻之重要前哨，軍民人口激增。政府為消除是項無形之「內憂」，亟須預防，代院長盧致德於本年二月奉派負責辦理，遂率同本學院是項技術專家許雨階、李宣果、章德齡諸教授飛往金門作實地調查，蒐集資料，策定防治方針。並於月底由院開辦鼠疫防治訓練班。本學院鑑於醫學分科專精之趨勢，除實施住院醫師制度外，外科學系之下有婦產科、眼科及耳鼻喉科，來台後又先後設立骨科、神經外科、泌尿外科、胸腔外科、心臟血管外科、肛門外科、整容外科及麻醉科，步向專精之分業。本年秋，台大醫學院派外科醫師三員至外科學系進修麻醉學及實習。本學院復派王學仕醫師至台大醫院協助其建立麻醉科。迨後受台灣省立結核病防治中心之邀請，外科學系亦負責為該中心代訓麻醉師及協助其創立麻醉科。創辦水源地週刊（油印版），內容有國際情勢、三民主義認識及院事音訊等項，旨在砥礪學術、鼓舞士氣，由政治部指導學生辦理。

1953	五月一日林院長任期屆滿，代院長盧致德真除。政治政訓教育為使學生學員對主義、領袖、國家、責任、榮譽五大信念為重點，建立忠貞情操，鍛鍊堅強體魄，養成時代軍人習性。自本年起，養成教育各期班於畢業前實施反共抗俄鬥爭教育一個月，使其具備各種反共抗俄鬥爭知識，以養成文武兼修之忠貞軍醫幹部。創辦大眾醫學月刊：以傳播醫學常識、環境衛生、疾病防治等為內容，使學員生有練習寫作之機會。為便於學生實習公共衛生，經選定台北郊區木柵鄉，建立公共衛生實驗區。由社會醫學系主辦，並與台北縣基層建設中心及農村復興委員會合作，辦理社會調查，舉辦鄉村衛生業務。
1954	教育部以本學院師資陣容堅強，設備完善，各科系教程內容均符合醫科大學部定標準，自四十三年起大學教育各科畢業生均授予學士學位，醫科授醫學士、牙科授牙醫學士、藥科授理學士、護理科授護理學士。後復奉教育部（四三）台高字第六四一九號函藥學系所授之理學士改稱為藥學士。本學院來台初期，衛生實驗院無處安置，承台灣大學醫學院借用房舍，得以繼續作業，盛情可感。年來院內營舍以克難方式修葺，次第完成，復蒙政府撥款興建房舍，乃於本年春遷回院部作業。該院以生產無熱原液注射劑供應軍方需求為大宗，並生產各種疫苗供軍民之用。
1955	四月，於教學醫院（第一總醫院）設立麻醉後恢復病室，為台灣醫學界首創措施，於手術後病人照護周全，對患者大有助益。九月一日本學院改隸陸軍供應司令部軍醫署。
1956	承美國醫藥助華會，發動美國友人捐贈，獲有的款，而院內苦無土地建築，經呈准國防部撥款三十六萬元徵購民間土地一甲興建教學人員眷舍多棟，定名為「學人新村」。
1957	本學院衛勤訓練班，奉令於七月一日擴編為「陸軍衛生勤務學校」，脫離本學院獨立。
1958	八月，金門「八二三」砲戰，戰火激烈，本學院生產無熱素液及藥品，衛生實驗院動員所有員工，並招雇臨時人員大量趕製，供應戰地需要，無匱乏之虞。行政院國軍退除役官兵輔導委員會，為對榮民之醫藥照顧，籌辦榮民總醫院，委託本學院負責進行，於四十五年六月成立籌備處，聘請本學院院長盧致德為兼主任，本院醫學各科專家皆參與籌劃及設計工作，建立醫療制度，如外科張先林、盧光舜、鄧述微、麻醉王學仕、眼科林和鳴、護理周美玉等皆主理其有關部門籌劃事宜。
1959	本年三月一日榮民總醫院開始作業，經層奉行政院核定為本學院教學醫院之一。同年十一月一日該院舉行開幕典禮。並奉核定榮民總醫院院長，由本學院院長盧致德兼任，該院之各級醫事人員暨主幹人員多由本學院人員甄選兼任從事服務。
1961	國軍現役軍醫人員尚有未具正式學資者，奉國防部令仍須繼續舉辦醫學專科教育，使其具有較優良之學識，畢業後能成為健全之軍醫幹部。經重擬教育計畫，奉准於本年召訓醫專第四期。

1963	新建柯柏醫學科學研究紀念館於石牌榮民總醫院內,供兩院作學術研究之用。
1964	病理實驗館建於教學醫院石牌榮民總醫院內,以該院病例較多,獲檢體較易,且以兩院人才相互合作切磋,對病理教學可收事半功倍之益。
1965	本學院奉令,自本年一月一日起改隸陸軍總司令部直轄。
1966	釐訂本學院代行政院國軍退除役官兵輔導委員會招訓醫學系公費學生辦法,由五十五年度起代輔導會招訓醫科學生十二名,畢業後服預備軍官役,期滿後由輔導會分派至其所屬各榮民醫院服務。奉國防部五十五年四月二十二日令,軍中所需之大型注射液交由本學院衛生實驗院承製,遂擴充設備,增置高壓蒸汽滅菌器、燃料油鍋爐、高速蒸餾器、配液容器、無菌過濾及另加薄膜無菌過濾等設備,並徵調藥學系畢業生數員參加工作,致生產倍增,且因設備更新而品質提高。
1967	本學院五十六年度編裝修訂,奉國防部核定頒行,除修訂部分專長與職稱外,其要點院長職位改為文武通用。承美國紐約中國醫學教育理事會捐建之護理館,建於榮民總醫院院內,於二月二十日舉行落成典禮,由盧院長主持。
1968	本學院教學醫院三軍總醫院,自五十三年奉核定遷建於本學院鄰近之古亭區第八號公園預定地,本年竣工,於五月十日正式舉行開幕典禮。原小南門院舍,一部分移作市立和平醫院用,一部分由政府標售。
1969	盧院長致德中將,改敘為簡任一級文職官階,自本年七月一日起生效。國防部核定陸軍衛生勤務學校撤銷,復併入本學院,仍稱衛勤訓練中心。
1971	奉國防部令縮編員額,核定本學院裁減少將副院長一員,十三個學系系主任原為少將編階,改為上校任用,因業務需要,請准設置少將教育長一員,其員額由教務處少將處長員額調整。教務處長則編為上校。
1974	籌辦衛勤專科班,招收高中畢業社會青年,服役十年,以充實部隊衛勤幹部。預定自六十四年度實施。
1975	由本學院院長盧致德先生主持及本學院相關人員參與籌備之國立陽明醫學院,六月三十日舉行成立會及交接典禮。其首任院長為本學院醫科四十九期畢業校友韓偉。十月七日院長盧致德奉參謀總長賴上將六十四年十月一日令核定退職,專任榮民總醫院院長,所遺職務由副院長蔡作雍代理。
1976	為充實國軍醫療單位衛生勤務初級幹部,於六十四年奉國防部核准成立衛生勤務專科學生班,並參與軍校聯合招生,本年度錄取五十四人,分發本學院肄業。參謀總長賴上將核定代院長蔡作雍真除院長職務,於六十五年五月一日生效。參謀總長於五月十日蒞院主持布達典禮。

1977	教育部公布本年度各大學醫學院評鑑結果，對本學院各學系及研究所總評多有褒獎，列為最優醫學院之一。
1978	本學院附設民眾診療處（中心診所）原坐落台北市小南門，奉國防部核定由國有財產局公開標售，所得款作為遷建於水源地營區之用。
1979	由於國防任務需要，增設公共衛生學系，以培育國軍醫勤幹部專業人才，充實醫勤缺員，替代衛生勤務專科，提高醫勤教育水準。奉國防部令核定自六十八學年度成立，同時停辦衛勤專科。奉國防部令核定，三軍總醫院改隸為本學院之直屬教學醫院，自六十八年五月一日生效。編併後，國防醫學院設副院長二員，以副院長一員兼任三軍總醫院院長。奉核定自民國六十八年九月三十日衛生勤務訓練中心改隸陸軍總部，更名為「陸軍衛生勤務學校」，本學院專辦養成及進修教育，有關衛勤短期訓練由該校負責辦理。前院長盧致德先生不幸於六十八年六月十一日因心臟病逝世於榮民總醫院，享壽七十九歲。盧先生主持院務長達二十六載，殫精竭慮，不僅使本學院渡過艱難時期，且重建合乎國際水準之醫學學府，培育人才師資，爭取外援物資，功在國家，其喪禮蒙政府褒揚飾終。
1981	衛生勤務專科班奉命恢復招生：該專科班於六十五年度成立，教育期限三年，為國軍培養野戰醫勤軍官，教育部並授予三專學資，因歷年所招學生均不足額，故核定自六十八年起停止招生。嗣因基層部隊之衛勤軍醫官缺員嚴重，亟待補充，乃恢復招生，教育期限二年六個月，教育部授予二專學資。
1982	教育部核准本學院設立醫學科學研究所博士班。院長蔡作雍中將，任期屆滿，奉調總統府參軍，國防部核定軍醫局中將局長潘樹人為本學院兼任院長。七月奉國防部令核定兼院長潘樹人專任本學院院長。本學院與三軍總醫院原已於民國六十八年六月核定編併，三軍總醫院改隸本院為直屬教學醫院，惟因種種因素未能完成實質合併，經數度磋商協調，達成合併改編協議，並奉國防部（72）雲震字第一二九九號令核定本學院與三軍總醫院完成徹底編併改組，自本年七月一日起生效。
1984	本學院改組成立之初原為醫學中心制，遷台後由於遷就現實環境，組織形態不得不變更，遂成單純之醫學院。惟時代之推進，科技之發達，不容故步自封，必求多方配合方克有發展之地，故恢復醫學中心制度之擬議不斷提出，歷年若干措施亦向此途邁進，先後向國防部建議與三軍總醫院兩院整體整建。「國防醫學中心」遷建內湖案，奉令成立籌建委員會，由國防部副參謀總長陳堅高上將兼任主任委員。
1986	本學院成立「燒傷研究中心」。
1988	國防醫學中心整建工程，自本年四月展開初步設計工作。本學院教學醫院三軍總醫院首次完成心臟移植手術，甚為成功，由心臟血管外科主任教官魏崢上校率同手術小組施行手術。

1989	院長潘樹人中將三月一日退伍，由尹在信中將接任。
1990	國防部核定本學院成立「國軍航空太空醫學中心」及「國軍海底醫學中心」。國防醫學中心整建工程，於二月開工，從事大地整地工程，並進行各階段細部工程設計規劃。本學院與中央研究院合作籌辦「生命科學研究所」博士班，十月廿六日進行商討。
1991	院長尹在信中將於十二月一日退伍，受聘為本學院精神醫學科教授。奉令以馬正平中將接任。
1992	本學院與中央研究院合辦「生命科學研究所博士班」，推舉馬院長正平為該所所長。自八月一日起撤銷任務編組之「健康中心」，原任務改屬三軍總醫院。
1993	國防醫學中心之「醫院主體建築工程」於一月十六日開工。院長馬正平中將退伍，於六月三十日生效，隨即受聘為本學院外科學教授。奉國防部核定李賢鎧中將繼任本學院院長，國防部副參謀總長羅本立上將於七月十六日主持布達式。
1996	學院搬遷內湖國防醫學中心計畫，議定民國八十七年執行遷移。學院海底醫學中心及航太醫學中心，奉國防部核定修編為「海底醫學研究所」及「航太醫學研究所」，並自八十六年度起招生。院長李賢鎧中將奉令調國防部軍醫局局長，院長職務由國防部軍醫局局長沈國樑中將接任，於七月一日生效。
1998	遷內湖後院史館規劃設計，成立委員會任務編組。自本年度起，各學系得招收女生，護理系得招收男生。
1999	內湖國防醫學中心工程，已於十月完工，本學院決定搬遷計畫：第一階段，為院本部、各行政部門、大學部相關單位及學指部，於十月七日至二十二日完成搬遷，十月二十五日由水源地轉移至內湖作。第二階段各研究所、圖書館及動物室於十二月底前完成搬遷。
2000	國防部三月二十一日令：衛生勤務專科裁撤，自四月一日生效。國防部三月三十一日令：國防醫學院院長職階降編為少將階，自四月一日生效。學院院長沈國樑中將申請提前退伍，奉准自四月一日離職，改聘為外科教授。院長職務由副院長兼三軍總醫院院長張聖原少將代理。學院自本年五月八日改隸國防大學，是日由國防大學夏瀛洲校長主持學院揭牌儀式。
2001	代院長張聖原真除院長職，二月二日由夏瀛洲校長主持新任院長布達式。
2002	九月一日，張聖原院長榮陞陸軍醫局局長，陳宏一副院長代理院長兼三軍總醫院院長。

2003	四月廿五日，因應「嚴重急性呼吸道症候群」成立SARS緊急應變小組，由副院長孟慶樑少將為小組長，並舉行第一次會議，決議各項防疫管制措施，每日召開檢討會乙次。六月一日，陳宏一代院長榮陞軍醫局局長。六月二日，王先震少將榮陞院長，由陳鎮湘校長主持新任院長就職布達典禮。十月十三日，教育部委託國家衛生研究院辦理醫學評鑑，醫學系評鑑訪視小組委員和信治癌中心醫院院長美國DUKE大學醫學院黃達夫等九員蒞院實施評鑑，為期三天。
2005	八月卅日，舉行王先震院長屆齡榮退歡送茶會。九月一日，副院長兼三軍總醫院院長張德明少將代行院長職務。九月七日，費鴻波校長聽取學院改編獨立學院作業提報。九月十四日，費鴻波校長主持校務會議臨時會，審查學院變更計畫書，張德明代院長及教師代表11員赴校部參加。會中通過學院自95年度起變更為獨立學院，受國防部督導。十二月卅日，軍醫局陳宏一局長主持學院改編為獨立學院授旗、授印暨揭牌典禮。
2006	恢復國防醫學院獨立建制。
2007	二月廿七日，為配合國防部政策，考量　蔣公銅像避免日晒雨淋並為永久保存，經張代院長召開會議審定安置地點，且於銅像旁立牌說明歷來遷移過程及緣由，並於2月初正式遷移至一樓中庭，原址改以設立立體校徽。六月廿九日，國防部軍醫局陳宏一局長於致德堂舉行張德明院長任職布達暨頒獎典禮。
2009	十月九日，由學院主辦「第48次全國公私立醫學校院院長會議」，張德明院長主持會議，討論醫學教育相關議案。
2010	五月三～四、六日，學院各系所接受教育部委託財團法人高等教育評鑑中心基金會舉辦之大學校院系所評鑑，由張德明院長歡迎評鑑委員蒞臨，進行整體校務簡報後即由各受評系所分別引領所屬委員前往系所場地進行評鑑程序，辦理過程順利。六月十日，張德明院長主持院史編輯籌備會第一次會議，討論「國防醫學院院史編輯籌備委員會」組成，未來將負責撰寫本學院正史工作，以檔案整理與口述歷史的方式，針對獻身國防醫學體系的先賢留下紀錄，或進行深度、廣度與細緻的訪問，為國防醫學院院史留存更完整的史料，也為台灣醫療發展史留存見證。十一月一日，奉國防部軍醫局國醫計畫字第0990008118號令核定本學院「精進案」第2階段編制員額調整為416員，其中醫學系航太醫學研究所與海底醫學研究所已整併為醫學系航太暨海底醫學研究所，另體育組修訂為體育室、學員生大隊所屬學員隊修訂為學員中隊。十一月廿九日，財團法人高等教育評鑑中心蒞院實施TNAC實地評鑑，由楊美賞主委領隊率委員7人至本學院實施評鑑，過程中對我醫學中心及護理學系各項設施與教學均極為肯定。

2011	五月一日，評鑑月刊（第31期）公布之「2011年台灣理工醫農領域ESI（Essential Science Indicators，簡稱ESI）論文統計結果」，本學院於平均被引次數這項統計指標，為國內各大學入榜排名第一名，連續第二年獲得第一。五月卅一日，張德明院長6月1日榮陞軍醫局局長。六月卅日，由軍醫局張德明局長主持新任院長于大雄少將布達典禮。七月廿七日，于大雄院長主持99學年度第3次「課程委員會」，決議三大基本素養為「全人關懷」、「專業知能」、「允文允武」，六大核心能力為「修己」、「利群」、「倫理」、「科學」、「武德」及「體魄」。十月卅一日至十一月一日，學院接受財團法人高等教育評鑑中心基金會進行校務評鑑。十二月七日，學院接受「醫學院評鑑委員會」追蹤訪視作業，由TMAC主任委員賴其萬教授、委員蔡哲雄教授、林炳文教授、郭博昭教授、何明蓉教授等5位蒞院實施訪評。

國家圖書館出版品預行編目資料

中華民國軍醫教育發展史／葉永文著. －－初
版.－－臺北市：五南，2013.12
　面；　公分
ISBN 978-957-11-7374-0（平裝）
1.軍事醫學　2.醫學教育　3.中華民國
594.9　　　　　　　　　102020711

1XAD　中華民國軍醫教育發展史

作　　　者 ― 葉永文(320.7)

發 行 人 ― 楊榮川

總 編 輯 ― 王翠華

副 總 編 ― 蘇美嬌

責任編輯 ― 邱紫綾

封面設計 ― 果實文化設計工作室

出 版 者 ― 五南圖書出版股份有限公司

地　　　址：106台北市大安區和平東路二段339號4樓

電　　　話：(02)2705-5066　　傳　　真：(02)2706-6100

網　　　址：http://www.wunan.com.tw

電子郵件：wunan@wunan.com.tw

劃撥帳號：01068953

戶　　　名：五南圖書出版股份有限公司

法律顧問　林勝安律師事務所　林勝安律師

出版日期　2013年12月初版一刷
　　　　　2017年 2 月初版二刷

定　　　價　新臺幣280元